"十二五"国家重点图书出版规划项目
材料科学技术著作丛书

纳米纤维素的制备与功能化应用基础

李伟 刘守新 李坚 著

科学出版社
北京

内 容 简 介

本书主要介绍纳米纤维素的制备及功能化应用基础,具体的制备方法包括酸水解法、超声辅助酸水解法以及化学预处理结合高强超声法;重点介绍通过这些方法制备出的纳米纤维素的结构与性能,并在此基础上将纳米纤维素用于增强聚乙烯醇、聚乳酸复合材料;以纳米纤维素为基质制备磁性纳米复合材料、介孔二氧化钛、介孔二氧化硅以及介孔炭材料;并进一步介绍纳米纤维素手性向列液晶相结构以及将其用于制备功能湿敏指示薄膜。

本书可供从事生物质材料、林产化学加工工程、轻化工程、高分子材料科学、复合材料科学、纳米材料技术、无机非金属材料等领域的本科生、研究生和科研人员、工程技术人员学习和参考。

图书在版编目(CIP)数据

纳米纤维素的制备与功能化应用基础/李伟,刘守新,李坚著.—北京:科学出版社,2016

(材料科学技术著作丛书)

"十二五"国家重点图书出版规划项目

ISBN 978-7-03-049119-0

Ⅰ.①纳⋯　Ⅱ.①李⋯ ②刘⋯ ③李⋯　Ⅲ.①纳米材料-纤维素-研究　Ⅳ.①TB383

中国版本图书馆 CIP 数据核字(2016)第 143480 号

责任编辑:牛宇锋 / 责任校对:桂伟利
责任印制:赵　博 / 封面设计:蓝正设计

科学出版社 出版
北京东黄城根北街 16 号
邮政编码:100717
http://www.sciencep.com

北京富资园科技发展有限公司印刷
科学出版社发行　各地新华书店经销
*

2016 年 6 月第 一 版　　开本:720×1000 1/16
2024 年 7 月第七次印刷　　印张:11
字数:204 000

定价:98.00 元
(如有印装质量问题,我社负责调换)

《材料科学技术著作丛书》编委会

顾　　问	师昌绪　严东生　李恒德　柯　俊 颜鸣皋　肖纪美
名誉主编	师昌绪
主　　编	黄伯云
编　　委	（按姓氏笔画排序）

干　勇　　才鸿年　　王占国　　卢　柯
白春礼　　朱道本　　江东亮　　李元元
李光宪　　张　泽　　陈立泉　　欧阳世翕
范守善　　罗宏杰　　周　玉　　周　廉
施尔畏　　徐　坚　　高瑞平　　屠海令
韩雅芳　　黎懋明　　戴国强　　魏炳波

前 言

纤维素是自然界中最丰富的可再生的天然有机高分子资源,除用于纺织、造纸、精细化工等传统的工业之外,在纳米医疗、药物、能源、环境、生物和农业等领域中得到了极大的发展。进一步有效地利用纤维素资源,开拓纤维素在纳米精细化工、纳米医药、纳米食品、纳米复合材料和新能源中的应用是国内外研究的热点。

纳米纤维素(NCC)由于高纯度、高结晶度、高杨氏模量、高强度等特性,其在复合材料的制备上展示出了极高的杨氏模量和强度等性能;同时其具有生物材料的轻质、可降解、生物相容及可再生等特性,使其在高性能复合材料中显示出巨大的应用前景。

本书以作者课题组多年来的研究成果为基础,参阅国内外的相关文献,以纳米纤维素的制备为基础,对纳米纤维素的结构、性能特点进行详细的论述;进一步论述纳米纤维素作为功能组分制备一系列的功能材料,包括将纳米纤维素作为增强剂用于制备增强的复合材料,将纳米纤维素作为基质材料制备磁性纳米复合材料,将纳米纤维素作为模板剂用于制备介孔二氧化钛、二氧化硅以及介孔炭材料,将纳米纤维素通过热解的方法制备出高吸附性能的炭气凝胶材料。此外,纳米纤维素手性向列液晶相也是目前国内外研究的热点,本书对纳米纤维素手性向列液晶相制备湿敏薄膜材料做初步的应用研究。

鉴于学术创新的理念及多年来耕耘之实践,期盼借此书帮助全国同仁进一步深入了解纳米纤维素这种新型材料,促进纳米纤维素的科学研究和技术发展。

本书所列内容的研究过程中,得到了林业公益性行业科研专项经费(201504605)、国家自然科学基金(31500467,31570567)、黑龙江省青年科学基金(QC2015034)、中国博士后科学基金(2014M561313)、黑龙江省博士后基金(LBH-Z14010)的资助。诚致谢忱!

尽管作者力图在本书中注重系统性、实践性和前沿性,但由于书中内容涉及较多学科,新成果、新应用层出不穷,加之作者的水平和时间有限,书中难免有疏漏和不妥之处,敬请广大读者不吝指正。

作 者
2016年1月东北林业大学

目 录

前言
第1章 绪论 ·· 1
　1.1 引言 ··· 1
　1.2 纤维素的化学结构 ··· 1
　1.3 纳米纤维素 ··· 2
　　1.3.1 纳米纤维素的定义 ··· 2
　　1.3.2 纳米纤维素晶型结构 ··· 2
　1.4 纳米纤维素的制备 ··· 3
　　1.4.1 水解法制备 ··· 3
　　1.4.2 物理法制备 ··· 7
　　1.4.3 生物法制备 ··· 10
　　1.4.4 溶剂法制备 ··· 10
　　1.4.5 静电纺丝制备 ··· 10
　　1.4.6 离子液体制备 ··· 11
　1.5 纳米纤维素的表面改性 ··· 11
　　1.5.1 磺化 ··· 12
　　1.5.2 羧基化 ··· 12
　　1.5.3 接枝 ··· 12
　　1.5.4 乙酰化 ··· 12
　　1.5.5 硅烷化 ··· 13
　　1.5.6 表面活性剂 ··· 13
　　1.5.7 聚电解质 ··· 13
　1.6 纳米纤维素的应用 ··· 14
　　1.6.1 增强复合材料 ··· 14
　　1.6.2 光学材料 ··· 15
　　1.6.3 医学材料 ··· 16
　　1.6.4 模板剂材料 ··· 17
　　1.6.5 其他 ··· 17
　参考文献 ·· 18
第2章 超声辅助酸水解制备纳米纤维素 ·· 25

2.1 引言 ··· 25
2.2 实验部分 ··· 25
　　2.2.1 实验原料 ·· 25
　　2.2.2 纳米纤维素的制备 ·· 25
　　2.2.3 材料表征 ·· 26
　　2.2.4 化学组分分析 ·· 26
2.3 结果与讨论 ·· 27
　　2.3.1 纤维素的形貌分析 ·· 27
　　2.3.2 纳米纤维素的形貌分析 ·· 28
　　2.3.3 纳米纤维素的热稳定性分析 ······································ 30
　　2.3.4 纳米纤维素的结晶结构分析 ······································ 31
　　2.3.5 纳米纤维素的表面官能团分析 ···································· 32
2.4 小结 ··· 33
参考文献 ··· 33

第3章 超声法制备纳米纤维素及增强聚乙烯醇复合材料 35

3.1 超声法处理微晶纤维素制备纳米纤维素及增强聚乙烯醇 ············ 35
　　3.1.1 引言 ·· 35
　　3.1.2 实验部分 ·· 36
　　3.1.3 纤维素的表面形貌分析 ·· 37
　　3.1.4 纳米纤维素的形貌分析 ·· 38
　　3.1.5 纳米纤维素的结晶结构分析 ······································ 40
　　3.1.6 纳米纤维素的热稳定性分析 ······································ 42
　　3.1.7 超声法制备纳米纤维素机理分析 ·································· 45
　　3.1.8 聚乙烯醇复合材料形貌分析 ······································ 47
　　3.1.9 聚乙烯醇复合材料热稳定性分析 ·································· 47
　　3.1.10 聚乙烯醇复合材料力学性能分析 ································· 49
　　3.1.11 小结 ··· 50
3.2 超声法处理漂白阔叶浆制备纳米纤维素及增强聚乙烯醇 ············ 50
　　3.2.1 引言 ·· 50
　　3.2.2 实验部分 ·· 51
　　3.2.3 纤维素的化学组成与形貌分析 ···································· 52
　　3.2.4 纳米纤维素的形貌分析 ·· 53
　　3.2.5 纳米纤维素的结晶结构分析 ······································ 54
　　3.2.6 纳米纤维素的热稳定性分析 ······································ 55
　　3.2.7 聚乙烯醇复合材料形貌分析 ······································ 55

  3.2.8　聚乙烯醇复合材料热稳定性分析 57
  3.2.9　聚乙烯醇复合材料力学性能分析 57
  3.2.10　聚乙烯醇复合材料光学性能分析 59
  3.2.11　小结 60
 3.3　超声法处理热磨机械浆制备纳米纤维素及增强聚乙烯醇 60
  3.3.1　引言 60
  3.3.2　实验部分 61
  3.3.3　纤维素化学组成与形貌分析 62
  3.3.4　纳米纤维素的表面官能团和结晶结构分析 64
  3.3.5　纳米纤维素的热稳定性分析 65
  3.3.6　聚乙烯醇复合材料的形貌分析 66
  3.3.7　聚乙烯醇复合材料的热稳定性分析 67
  3.3.8　聚乙烯醇复合材料的力学性能分析 69
  3.3.9　小结 69
 参考文献 70

第 4 章　超声法制备纳米纤维素及增强聚乳酸复合材料 78
 4.1　引言 78
 4.2　实验部分 79
  4.2.1　实验原料 79
  4.2.2　纳米纤维素的制备 79
  4.2.3　聚乳酸复合材料的制备 79
  4.2.4　材料表征 80
 4.3　结果与讨论 81
  4.3.1　纳米纤维素的形貌分析 81
  4.3.2　聚乳酸复合材料形貌分析 81
  4.3.3　聚乳酸复合材料的表面结构分析 82
  4.3.4　聚乳酸复合材料的热稳定性分析 83
  4.3.5　聚乳酸复合材料的力学性能分析 85
  4.3.6　聚乳酸复合材料的光学性能分析 85
 4.4　小结 86
 参考文献 86

第 5 章　纳米纤维素为模板的功能材料制备与应用 90
 5.1　纳米纤维素模板法制备磁性纳米复合材料 90
  5.1.1　引言 90
  5.1.2　实验部分 91

5.1.3　纳米纤维素磁性材料制备路线分析 …………………………… 92
5.1.4　纤维素化学组成与形貌分析 ……………………………………… 92
5.1.5　纳米纤维素的形貌分析 …………………………………………… 95
5.1.6　纳米纤维素的表面结构分析 ……………………………………… 97
5.1.7　纳米纤维素的结晶结构分析 ……………………………………… 98
5.1.8　纳米纤维素的热稳定性分析 …………………………………… 100
5.1.9　磁性复合材料的形貌分析 ……………………………………… 101
5.1.10　磁性纳米纤维素的结晶结构分析 …………………………… 102
5.1.11　磁性纳米纤维的磁性分析 …………………………………… 102
5.1.12　小结 …………………………………………………………… 104
5.2　纳米纤维素模板法制备球形介孔二氧化钛 …………………………… 104
5.2.1　引言 ……………………………………………………………… 104
5.2.2　实验部分 ………………………………………………………… 105
5.2.3　纳米纤维素及介孔二氧化钛形貌分析 ………………………… 106
5.2.4　介孔二氧化钛结晶结构分析 …………………………………… 107
5.2.5　介孔二氧化钛孔结构分析 ……………………………………… 108
5.2.6　介孔二氧化钛的漫反射光谱分析 ……………………………… 110
5.2.7　介孔二氧化钛光催化活性评价 ………………………………… 110
5.2.8　介孔二氧化钛形成机理 ………………………………………… 110
5.2.9　小结 ……………………………………………………………… 112
5.3　纳米纤维素模板法制备介孔二氧化硅 ………………………………… 113
5.3.1　引言 ……………………………………………………………… 113
5.3.2　实验部分 ………………………………………………………… 113
5.3.3　纳米纤维素-二氧化硅中间相分析 …………………………… 115
5.3.4　介孔二氧化硅形貌结构分析 …………………………………… 116
5.3.5　样品的孔结构分析 ……………………………………………… 117
5.3.6　样品的吸附性能分析 …………………………………………… 119
5.3.7　小结 ……………………………………………………………… 119
5.4　纳米纤维素模板法制备介孔炭 ………………………………………… 119
5.4.1　引言 ……………………………………………………………… 119
5.4.2　实验部分 ………………………………………………………… 120
5.4.3　介孔炭形貌结构分析 …………………………………………… 121
5.4.4　介孔炭的结晶结构和热稳定性分析 …………………………… 121
5.4.5　产物的孔结构分析 ……………………………………………… 123
5.4.6　产物的吸附性能分析 …………………………………………… 124

5.4.7　小结 ·· 124
　参考文献 ·· 125
第6章　纳米纤维素手性向列型液晶相结构的应用 ·· 131
　6.1　引言 ·· 131
　6.2　纳米纤维素手性向列液晶相 ··· 131
　　6.2.1　纳米纤维素液晶相的形成机制 ·· 131
　　6.2.2　纳米纤维素液晶相的结构特征 ·· 133
　6.3　纳米纤维素自组装行为的调控 ·· 135
　　6.3.1　纳米纤维素的性质 ·· 135
　　6.3.2　离子强度 ··· 135
　　6.3.3　超声辅助 ··· 136
　　6.3.4　温度调控 ··· 136
　　6.3.5　添加剂 ·· 138
　6.4　纳米纤维素自组装行为的应用 ·· 139
　　6.4.1　光电材料 ··· 139
　　6.4.2　前驱体材料 ·· 140
　　6.4.3　模板剂材料 ·· 140
　　6.4.4　医学材料 ··· 143
　6.5　小结 ·· 143
　参考文献 ·· 144
第7章　纳米纤维素手性向列湿敏薄膜的制备 ·· 150
　7.1　引言 ·· 150
　7.2　实验部分 ·· 150
　　7.2.1　实验材料 ··· 150
　　7.2.2　纳米纤维素自组装行为的研究 ·· 150
　　7.2.3　纳米纤维素手性向列薄膜的制备 ··· 151
　　7.2.4　材料表征 ··· 151
　7.3　结果与讨论 ·· 151
　　7.3.1　纳米纤维素的自组装行为研究 ·· 151
　　7.3.2　纳米纤维素薄膜的手性结构 ··· 152
　　7.3.3　纳米纤维素手性向列薄膜的化学结构和热稳定性 ······················· 153
　　7.3.4　纳米纤维素手性向列薄膜的湿敏性能 ····································· 154
　7.4　小结 ·· 156
　参考文献 ·· 156
第8章　细菌纤维素基炭气凝胶的制备及应用 ·· 157

8.1 引言 ··· 157
8.2 实验部分 ··· 157
　8.2.1 实验材料 ·· 157
　8.2.2 炭气凝胶的制备 ··· 158
　8.2.3 材料表征 ·· 158
8.3 结果与讨论 ·· 158
　8.3.1 炭气凝胶形貌分析 ·· 158
　8.3.2 比表面积和孔结构分析 ···································· 159
　8.3.3 吸附性能测试 ·· 160
8.4 小结 ··· 161
参考文献 ··· 161

第 1 章 绪　　论

1.1 引　　言

纳米微粒是指颗粒尺寸为纳米量级的超细微粒,它的尺度大于原子簇,小于通常的微粉。纳米颗粒的范围大致为 1~100nm,在这个范围内,存在一种混合物并且会发生一些有趣的事情,力学的、光学的、电学的、磁性的和其他的多种属性表现得大不相同,这就为发展高强度和电磁性能增强等材料提供了机会[1]。

纤维素是自然界中最丰富的可再生的天然有机高分子资源,除用于纺织、造纸、精细化工等传统的工业之外,在纳米医疗、药物、能源、环境、生物和农业等领域中得到了极大的发展。进一步有效地利用纤维素资源,开拓纤维素在纳米精细化工、纳米医药、纳米食品、纳米复合材料和新能源中的应用是国内外研究的热点。

纳米纤维素在制备过程中出现的团聚现象仍是目前研究的难点,这种团聚作用限制了其在各种功能材料中的应用。目前纳米纤维素的制备方法中存在这样那样的局限,有的成本高且价格昂贵,有的耗时长且制备工艺复杂,这都制约着纳米纤维素的进一步发展。如何通过优化制备方法,制备出成本低、高效快速且绿色的纳米纤维素是亟待解决的问题。目前对纳米纤维素界面行为的研究仍然处于起步阶段,纳米纤维素如何在聚合物中良好地分散仍是研究的主要问题。作者通过建立纳米力学模型以及对聚合物-纳米颗粒界面的性质进行深刻理解和认识,以期能够指导制备纳米复合材料。

1.2 纤维素的化学结构

纤维素结构在 1926 年由 Staudiger 建立起来,可以分为 3 层:①埃米级的纤维素分子层;②纳米级的纤维素晶体超分子层;③原纤超分子结构层。为了阐明纤维素的化学结构,将纤维素经酸水解后接着进行彻底的甲基化反应。在水解后,得到主要的降解产物为 2,3,6-三甲基葡萄糖。对该化合物的定量分析表明,纤维素高分子链上的碳 2,3,6 位发生了自由的羟基反应[2]。这些羟基的存在直接影响到纤维素的化学性质,如纤维素的酯化、醚化、氧化、接枝共聚等反应,以及纤维素分子间的氢键作用。纤维素纤维的润胀与溶解性能等都和纤维素大分子上的羟基有关。纤维素的化学结构是由 D-吡喃葡萄糖环彼此以 β-(1,4)糖苷键以 C1 椅式构象连接而成的线性高分子,其结构如图 1-1 所示。

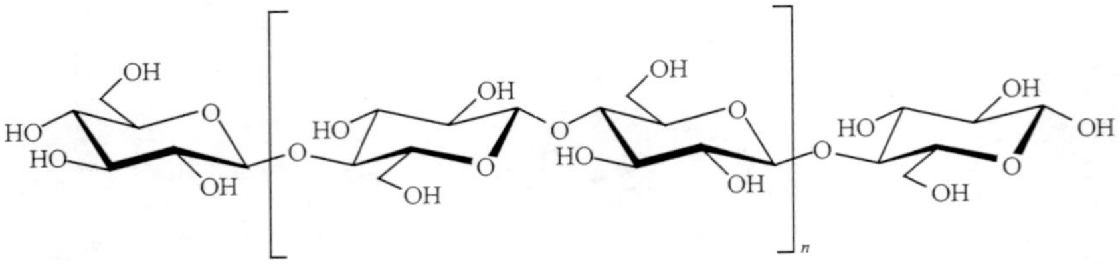

图 1-1 纤维素的基本化学结构[2]

1.3 纳米纤维素

1.3.1 纳米纤维素的定义

植物纤维细胞壁的结构单元中包括的微纤丝、原纤丝以及基元纤维的直径均低于 100nm，同时具有较高的结晶度和长径比。纳米纤维素由于在分离提取过程中所采用的方法不同，其制备的形貌尺寸以及性能也存在差异。其制备出的名称也有着不同的描述，如纳米微晶纤维素（nanocrystalline cellulose）、纤维素纳米晶须（cellulose nanowhisker）、纳米纤丝化纤维素（nanofibrillated cellulose）和纤维素纳米纤维（cellulose nanofiber）等。本书将一维尺寸在 100nm 以下的棒状、须状、长丝状的纤维素统一称为纳米纤维素（nanocellulose）。纳米纤维素主要来源于植物，如木材、棉花、一年生禾本科植物等；一些海藻类以及被囊动物也可以作为制备纳米纤维素的原料。通过化学、物理等方法制备出一维尺寸在 1～100nm 之间的纤维素称为纳米纤维素。此外，细菌纤维素（bacterial cellulose，BC）是在不同条件下，由醋酸菌属（*Acetobacter*）、土壤杆菌属（*Agrobacterium*）、根瘤菌属（*Rhizobium*）和八叠球菌属（*Sarcina*）等中的某种微生物合成的纤维素的统称，生产出的纤维素其一维直径也在 100nm 以下。纳米纤维素具有如下特点：高纯度、高聚合度、高结晶度、高亲水性、高杨氏模量、高强度、超精细结构和高透明性等；同时纳米纤维素巨大的比表面积、非常密的间距、极高的硬度和强度、高的长宽比，为其在高级材料中的应用提供了一个非常大的潜力[1,3]。

1.3.2 纳米纤维素晶型结构

由于纤维素的结晶取向，引起了人们极大的兴趣，它们的物理性质，以及化学修饰的可及性、膨胀和吸收现象都在很大程度上受它们结晶度的影响[4~6]。纤维素微纤丝的表面结构和其他高分子的相互作用也依赖于纤维素的结晶结构[7]。

图 1-2 是纤维素结晶结构的图解。从图中可以看出，纤维素的超分子结构就是形成一种由结晶区和无定形区交错结合的体系，从结晶区到无定形区是逐步过

渡的,无明显的界限。天然纤维素的分子链长度约为5000nm,结晶区部分的长度为100~200nm。纤维素结晶区的特点是其分子链取向良好、密度较大、分子间的结合力强、对强度的贡献大;无定形区的纤维素分子链取向差、分子排列无秩序、分子间距离大、密度低、分子间的氢键数量少、对强度的贡献小。通过化学或其他方法将结晶区分离出来,就是我们要制备的纳米微晶纤维素。这些晶体、向列有序的和无定形的纤维素依靠其分子内和分子间的氢键以及范德华力维持着自组装的超分子结构和原纤维的形态[8]。

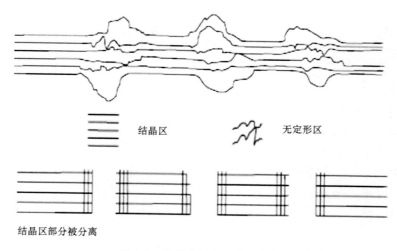

图 1-2　纤维素结晶结构图解[3]

1.4　纳米纤维素的制备

纳米纤维素主要来源于植物,如棉花、木材等植物纤维。除植物纤维外,细菌、动物也产生纤维素,如木醋杆菌可以合成细菌纤维素,从被囊类动物中也可制备纳米纤维素。纳米晶体的大小、尺寸和形状在一定程度上取决于纤维素的来源,纤维素的结晶度程度也随着植物种类的不同而不同[9,10]。

1.4.1　水解法制备

酸水解可将纤维素的无定形区除去,在减小微晶纤维素的尺寸的同时,制备出具有高结晶度的纤维素。图 1-2 是纤维素结晶结构的图解,可以看出,纤维素的超分子结构是由结晶区和无定形区交错结合的体系,将天然纤维素在强度贡献大的100~200nm 范围的结晶区,通过化学法可分离出来纳米纤维素。通过化学水解法制备纳米纤维素,可以在制备的同时对纤维素进行表面改性。同时通过改变水解浓度、水解温度、水解时间等条件对纳米纤维素的尺寸大小和结晶度等指标进行可控的制备。由于化学酸水解过程需要强酸水解,对反应设备要求高,同时反应后的残留物较难回收。

　　Revol 等认为最初的水解过程除去了与微纤维表面紧密结合的多糖,导致无定形区减少,进一步水解导致一些易于可及的非结晶区长链的葡萄糖部分断裂[11]。Fleming 认为纤维素纳米微晶精确的物理尺寸取决于具体的水解条件。酸水解过程中水解液的扩散速度对纳米纤维素尺寸(长度、直径)以及结晶度具有显著影响[12~15]。不同原料水解过程中水解液扩散速度不同,进而生成的纳米纤维素尺寸不同,针叶木浆、棉花和麻类这些植物类原料制备的纳米纤维素尺寸相对较小。

　　1947 年,Nickerson 和 Habrle 以木材为原料,采用盐酸和硫酸混合酸水解的方法,制备出纳米纤维素的悬浮液。1952 年,Ranby 通过酸水解的方法制备了稳定的纤维素胶体悬浮液[16]。后来,Araki 等通过酸水解木材制备出长度为 100~300nm,横截面直径为 3~5nm 纤维素悬浮液[17]。最近 Beck-Candanedo 通过硫酸水解天然木材纤维制备出稳定的纳米纤维素悬浮液;研究了反应时间和酸浆比对黑云杉硫酸盐化学浆水解后悬浮液性质的影响。当制备的水解条件相似时,由漂白硫酸盐桉木浆制备的纳米纤维素显现出与针叶浆非常相似的性质[11];图 1-3 为采用硫酸水解针叶木浆制备出纳米纤维素晶须的场发射扫描电镜照片[3]。

图 1-3　酸水解硫酸盐法针叶木浆制备纳米纤维素的
场发射扫描电子显微镜照片[3]

　　棉纤维也是一种制备纳米纤维素的优良原料,Zhang 等以棉纤维为原料通过盐酸和硫酸的混合酸水解制备出 60~570nm 的纳米纤维素[18]如图 1-4 所示。另外通过实验证明经浓酸和稀酸先后水解,最后通过精制,可以制备出球形的单峰粒径分布的纳米纤维素。随着颗粒的变小,纳米纤维素的结晶度指数呈增加趋势[18]。Dong 等以棉滤纸为原料通过酸水解制备出纳米纤维素,对水解条件、制备方法和纤维悬浮液的有序相列行为的形成进行了研究[19]。研究认为,颗粒的性质和相分离,在很大程度上取决于水解温度、水解时间以及超声强度。长的棒状的微晶纤维素择优的分布在非匀质相中,在相分离的过程中伴随着分级的发生。将悬浮液中的水在室温状态下蒸发,随着浓度的增加,上下的匀质与非匀质相界面变得清晰可见[19]。

图 1-4　由棉纤维制备的纳米纤维素透射电镜照片[18]

麻类原料因其具有较高的长宽比,成为制备纳米纤维素一种新型的原料。Garcia de Rodriguez 等将天然剑麻纤维切碎成细小颗粒[20],将颗粒用 2% 的 NaOH 水溶液和漂白处理后的粉末加入 65% 的 H_2SO_4,水解浓度为 4%,60℃下反应 15min,并不断搅拌;离心,用透析法除去游离酸,并将制备的悬浮液在超声作用下完全分散,最终制得的纳米纤维素的得率约为 30%。图 1-5 为通过水解剑麻制备的纳米纤维素晶须的透射电镜照片[20]。Moran 等则将剑麻通过苯乙醇索氏抽提除去蜡质成分制备综纤维素,然后通过 60% 的硫酸在 45℃下水解制备纳米纤维素[21]。

微晶纤维素(MCC)与其他纤维原料相比省去了漂白脱木素的过程,MCC 本身具有相对较高的结晶度和较小的粒度,这就为进一步高效快速制备纳米纤维素提供了条件。Marchessault 等采用硫酸水解 MCC,不仅能够分离出纳米纤维素,而且发现制备的纳米纤维素表面带负电荷,因此由于静电排斥力的作用形成一个稳定的纤维素悬浮液体系[12]。Bondeson 等用 MCC 作为原材料制备纳米纤维素,

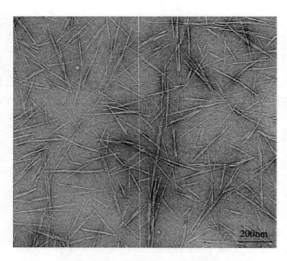

图 1-5 由剑麻制备的纳米纤维素透射电镜照片[20]

并通过响应面法对 MCC 浓度、硫酸浓度、水解时间、温度和超声时间进行了优化[13]。Filson 创新地采用了去离子水和顺丁烯二酸两种水解体系，以微晶纤维素为原料，通过超声化学辅助水解法的方法制备纳米纤维素。研究表明，在去离子水体系中，制备的纳米纤维素的平均直径为 21nm±5nm。顺丁烯二酸超声化学辅助水解体系在 15℃和 90％功率输出下反应 9min 制备的纳米纤维素为圆柱形，尺寸范围为长 65nm±19nm，宽为 15nm[18]。Bai 等对微晶纤维素进行酸水解得到纳米纤维素后，采用差速离心的方法将制备的悬浮液进行分级，从而得到分布较窄的纳米纤维素以供不同的研究的需要[22]。

特定的被囊动物和细菌纤维素由于其与植物纤维素相似的化学结构，成为了制备纳米纤维素的又一种原料。1952 年，Ranby 对被囊动物纤维和细菌纤维素的物理化学性质进行了研究[23,24]。Favier 等将被囊动物通过漂白、硫酸水解制备成宽为 10～20nm，长为 100nm 至几微米的纳米纤维素悬浮液[25]。Terech 和 Sturcova 等通过水解被囊动物纤维制备出长度为 100nm 至几微米、宽度为 10～20nm 的微晶纤维素[26,27]。Araki 等通过水解细菌纤维素制得棒状微晶纤维素悬浮液。当完全除去溶液中的盐后，悬浮液自发地形成了一种相列分离现象[28]。Tokoh 和 Roman 通过酸水解细菌纤维素制备出长度约为 100nm 至几微米，横截面直径为 5～10nm 或 30～50nm 的纳米纤维素[29,30]。Grunert 通过硫酸水解细菌纤维素制备出棒状的纳米纤维素，图 1-6 为所制备的细菌纳米纤维素的透射电镜照片[31]。

另外，酶处理法与酸水解法类似，纤维素酶希望将纤维素基质上的无定形区分解。Henriksson 等报道了一种很容易将纤维原料分解为微晶纤维素的方法[32]；

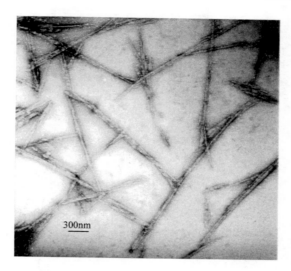

图 1-6　细菌纳米纤维素透射电镜照片[31]

Janardhnan 和 Sain 发现酶处理法能够获得更小尺寸范围的纤维素颗粒，后续通过高剪切力打浆[33]；Paakko 等介绍了一种新的制备纳米纤维的方法，采用温和的酶水解法处理纤维素，然后通过机械剪切力和高压的匀质作用制备出纳米尺寸大小的纤维素[34]；最近，Turon 等用一种新型的方法去研究不同时间酶水解无定形区的酶活性动力学[35]。

1.4.2　物理法制备

物理法制备纳米纤维素通常是对纤维素进行高压的机械处理，使得纤维发生细纤维化，从而分离出具有纳米尺寸范围的微晶纤维素。

通过相对较大的能量和足够长的打浆时间能够将纤维制备成纳米尺寸范围的微纤维。Nakagaito 等发现将纤维打浆循环次数从 16 次增加到 30 次时，可以使纤维完全的细纤化[36]。Chakraborty 等发现利用一种转数能够达到 125 000 的 PFI 磨高压打浆设备能够将漂白硫酸盐针叶浆制备成纳米纤维素[37]。Iwamoto 等以美国黑松制备的硫酸盐浆为原料，用一个高压的精磨机，在 0.1mm 的间隙下循环匀质 30 次，然后将此浆料通过一个研磨机进一步磨解 10 次制备出具有纳米尺寸的纤维素[38]。图 1-7 是用上述方法制备的纳米纤维素扫描电镜照片，从图中可以看出，通过循环的磨解作用，纤维发生较好的细纤维化作用，形成了具有纳米尺寸的纤维素。

通过高压剪切的方法将纤维分散成纳米纤维素是一种常用的机械制备方法[39~42]。Leitner 等将经过碱润胀和漂白后的甜菜片纤维素经过碎解机和高压匀

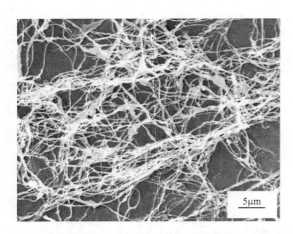

图 1-7 硫酸盐浆经过磨解制备的纳米纤维素扫描电镜照片[38]

质机把纤维分散成纳米纤维素[40]。Dufresne 等将纯化后的甜菜纤维通过一个高压的匀质化作用对其进行处理,使其细胞壁发生破坏从而制备纳米纤维素,经过干燥后能够制备出高强度的纤维片。结果表明,这种纤维片的力学性能优于牛皮纸[41]。Wagberg 等将硫酸盐针叶浆首先经过羧甲基化处理,然后将纤维经过高压的匀质化处理,并将纤维经过超声分散和离心分级,制备出直径为 5～15nm、长度约为 1μm 的纳米纤维素[43]。Paakko 等介绍了一种新的制备纳米纤维素的方法,采用温和的酶水解法处理纤维素,然后通过机械剪切力和高压的匀质作用制备出纳米尺寸的纤维素[36]。Janardhnan 和 Sain 发现先经过酶法处理,后续通过高剪切力的打浆能够获得更小尺寸的纤维素颗粒[33]。

低温压榨法是将水或碱膨胀的纤维素材料浸入到液氮中,这样的目的是在细胞中形成冰晶,当冰冻的纤维素受到高的冲击力时,细胞壁中的冰晶受到压力的作用发生细胞破裂,从而分离出微纤维。冷冻可以使纤维变脆,然后采用强烈的机械力进行破裂制备出纳米纤维素。

Alemdar 等将经过碱润胀和稀盐酸水解预处理的麦秆和大豆壳,在液氮环境下,将冷冻的浆料通过研磨的方法压碎,接着通过一个粉碎机,最后将浆料在高压下进行匀质化处理,制备出麦秆纳米纤维素长度为几千纳米,横截面直径为 10～80nm,大豆壳纳米纤维长度为几百纳米,横截面直径为 20～120nm 的纳米纤维素(图 1-8)[44]。Wang 和 Sain 将大豆皮经过碱浸和稀酸的预处理后,再将碱润胀后的纤维浸入到液氮中进行冷压以减小纤维的长度,得到的样品最后经过纤维分离机将细胞壁压碎并充分地分散成直径约为 50～100nm、长度为几千纳米的纳米纤维素[45]。

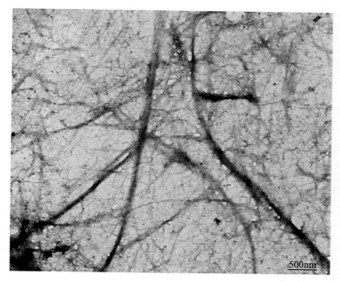

(a) 麦秆

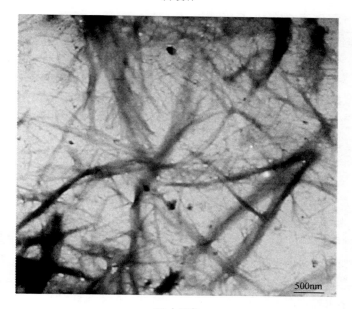

(b) 大豆壳

图 1-8 纳米纤维素透射电镜照片[44]

1.4.3 生物法制备

通过微生物合成的方法制备的纤维素通常称为细菌纤维素。细菌纤维素的物理和化学性质与天然纤维素相近。与天然植物纤维素相比，细菌纤维素具有超细的网状纤维结构，每一丝状纤维由一定数量的纳米级的微纤维组成。

从1986年Brown等发现木醋杆菌（*Acetobacter xylinum*）可以生产细菌纤维素以来，对细菌纤维素的研究越来越深入[46]。在许多研究中[47]，除了木醋杆菌可以生产细菌纤维素外，假单细胞杆菌属（*Pseudomonas*）、固氮菌属（*Azotobacter*）和根瘤菌属（*Rhizobium*）等某些特定的细菌也能产生细菌纤维素。Uraki等用来自醋酸制浆废液中的半纤维素单糖类物质作为培养基制备细菌纤维素[48]。Bae和Shoda用发酵的糖浆作为培养基制备细菌纤维素，研究表明，较低的糖浆浓度对细菌纤维素的生产更有利[49]。Ishihara等则采用D-木糖作为碳源制备细菌纤维素[54]。

1.4.4 溶剂法制备

Oksman等创新地使用一种溶剂将MCC膨胀，使得纤维更易于分离成纳米纤维素。这种溶剂体系是N,N-二甲基乙酰胺（DMAc）/氯化锂（LiCl）体系。将MCC用加入0.5%的氯化锂的N,N-二甲基乙酰胺（DMAc）的混合液使其膨胀，然后超声分离，得到宽约为10nm、长为200~400nm的纳米纤维素[51]。Nelson等认为，通过将非溶剂加入到不断搅拌的纤维溶液中制备纤维纳米颗粒是可行的，并且发现加入非溶剂的速度越快，形成的纳米纤维素颗粒越小[52]。

1.4.5 静电纺丝制备

静电纺丝法是将浓缩的聚合物溶液通过金属的针状注射器，在一个强的直接的电场诱导的作用下稳定地挤压而制备纳米纤维素。

Kulpinski等将纤维溶解于N-甲基吗啉-N-氧中，通过静电纺丝法制备出具有纳米尺寸的纤维用于制备无纺纤维网络和纤维薄膜[53]。Kim等将纤维溶解于LiCl/DMAc和NMMO溶剂体系中，通过静电纺丝法制备出直径为250~750nm的纤维素，同时还对纺丝条件对纤维的影响进行了研究。图1-9为质量分数为9%，流速为0.01mL/min，喷管口到收集器距离为15cm，喷管口温度为50℃下的纤维素/NMMO/水溶液静电纺丝纳米纤维扫描电镜照片[54]。Viswanathan等将纤维素溶解于不挥发溶剂中，通过静电纺丝法制备纳米纤维素[55]。

图 1-9　纤维素/NMMO/水溶液静电纺丝纳米纤维素扫描电镜照片[54]

1.4.6　离子液体制备

离子液体是指由有机阳离子和无机或有机阴离子构成的在室温或近室温下呈液态的盐类化合物,又称为室温离子液体。离子液体具有高的热稳定性、可忽略的蒸气压、宽的液态温度区间、可调控的对极性及非极性物质的良好溶解性,是近年来出现的一类绿色材料,在溶解和分离木质纤维素方面具有广阔的应用前景[60]。

Gindl 等用离子液体将微晶纤维素进行部分溶解,通过浇铸法将其制备成纳米复合材料,制备的薄膜具有均质、透明和高结晶度等特性[57];Kilpelainen 等用离子液体将挪威云杉热磨机械浆溶解,通过改变条件,将这种材料重新沉淀出一种宽的形态范围[58];Sui 等将纤维素离子液体通过喷溅法制备纳米纤维素,其直径为100～500nm[59];Kadokawa 等用离子液体部分破坏纤维素结构,然后在连续相中进行聚合反应[60]。

1.5　纳米纤维素的表面改性

通常情况下,由于纤维素本身具有的亲水性,使其与许多制备复合材料如聚乙烯、聚丙烯、聚苯乙烯等及基质的相容性不好。除此之外,纤维素的吸水性也是在许多复合材料在应用中所不希望的。如何在不改变纤维自身特性的前提下,通过表面改性的方法降低其亲水性,从而增加其作为增强剂与疏水基质之间的化学相容性,使其在基质中具有的良好的分散性,并形成良好的黏附力,将为进一步拓展纳米纤维素的应用范围提供条件。

1.5.1 磺化

采用适度的硫酸处理纤维,是制备微晶纤维素最常用的方法,其典型的结果是纤维的表面发生了部分磺化反应。由于硫酸处理后纤维表面形成具有双层排斥力的作用,最终使得制备的微晶纤维素悬浮液成为一种稳定的胶体物质[2,13]。

1.5.2 羧基化

通过在纤维素表面引入羧基使其变得更加亲水,经过处理后的纤维素表面所带的负电荷增多,能够形成较为稳定的悬浮液。羧甲基化反应作为一种促进纳米纤维素分散的方法被较早地广泛引用[61]。

Montanari 等通过 TEMPO 介质氧化对由棉短绒和薄壁细胞纤维素制备的纳米纤维素进行表面羧基化反应。其氧化晶体的大小取决于:①原材料;②酸预水解条件;③氧化条件[62]。Saito 等将干燥和未干燥的阔叶纤维通过 TEMPO 介质氧化制备出高结晶度的纳米纤维素。当羧基含量达到约为 1.5mmol/g 时,被氧化的纤维素/水浆料通过机械处理后,大部分的纤维转化成了透明和高黏性的分散体系。分散体系中的纤维宽度为 3~4nm,长度为几微米[63]。Habibi 等将被囊动物纤维经过盐酸水解制备成的纳米纤维素进行了 TEMPO 介质氧化,结果表明,当样品的氧化度为 0.1 时,样品保留了纤维最初形态的完整性和其天然的结晶度,而当纤维表面的羟甲基被转化成羧基时,纳米纤维素的表面产生了负电荷。这就能够使悬浮液良好地分散在水中而不发生絮凝和团聚现象,同时这样的悬浮液还呈现出双光折射的液晶相的特征[64]。

顺丁烯二酸和琥珀酸也是用作处理纤维素的两种材料[65,66]。这种方法被用于在纤维表面引入负电荷[67,68]。研究发现,由于这种反应是干的顺丁烯二酸通过加热纤维制备而成,必须小心地控制反应条件,以避免纤维不必要地脆化[69]。

1.5.3 接枝

接枝反应也常用作纤维的表面的改性。利用纤维素表面的羟基作为其接枝点,将聚合物接枝到纤维素骨架结构上,称为纤维素接枝反应。根据接枝聚合物的结构、性质、相对分子质量等条件的不同,可赋予其多种性能[51,70]。

Cai 等将四氨基接枝于纤维表面上用于制备复合材料[71]。Stenstad 等研究了一种能够制备出较宽分布的纤维的方法,首先将纤维氧化处理,其次将其与六亚甲基二异氰酸盐进行接枝反应,最后和胺类接枝反应,形成正离子电荷[72]。Dou 等制备了一种负电荷的纤维素纳米材料,这种胶体呈现出极好的稳定性[73]。

1.5.4 乙酰化

乙酰化反应常见的方法是纤维素酯化反应下的增塑作用。酯化的形式是一种常用的使纤维表面具有疏水性的方式[74,75]。Matsamura 和他的合作者第一次将纳米纤维素表面进行酯化,从而提高了纤维的强度。这种强度的提高是由于纤维素Ⅰ发生的部分酯化在基质中高度的相容性产生的。Kim 等通过乙酰化反应对细菌纤维素进行了表面修饰反应,制得了取代度为 0.04~2.77 的产物[76]。而 Ifuku 等将细菌纤维素乙酰化后,与丙烯酸树脂复合制备出一种光学透明度好的复合材料,同时其光学透明度与乙酰化取代度密切相关[77]。

1.5.5 硅烷化

硅烷是一种分子式为 SiH_4 的化合物,硅烷偶联剂常用作取代纤维素表面的羟基。在含水分的条件下,水解烷氧基生成硅醇,硅醇与纤维表面的羟基反应,可以在细胞壁上形成非常稳定的共价键并吸附在纤维表面上。反应机理如下式(1-1)[77]:

$$CH_2CHSi(OH)_3 + Fiber\text{-}OH \longrightarrow CH_2CHSi(OH)_2O\text{-}Fiber + H_2O$$

$$CH_2CHSi(OC_2H_5)_3 \xrightarrow{H_2O} CH_2CHSi(OH)_3 + CH_2CH_5OH \quad (1\text{-}1)$$

研究表明,用硅烷改性后,纤维素能够改善其在复合材料中的性能[78,79]。Castellano 等的研究表明,在存在水的情况下,SiOR 基显然不与纤维的羟基发生反应。水的存在能过导致硅烷发生部分水解,当温度 80℃时甚至更高时,就能够与纤维的羟基发生反应[80]。

1.5.6 表面活性剂

表面活性剂的改性通常不是永久改性,多数的表面活性剂可以以一种可逆的方式从纤维表面去除[81]。表面活性剂亲水性的一端吸附在纤维的表面上,而疏水的一端在基质中能过获得适宜的溶解条件,这就可以通过空间的稳定作用抑制纤维的团聚。这样不仅能够更好地改善材料的润湿性及黏附性,而且能够提高纳米纤维素在基质中的分散性[82]。

1.5.7 聚电解质

当阳离子的聚电解质吸附在纤维表面后,它能够生成一种不可逆吸附层,其中带电的高分子聚电解质就能够通过电荷反应排列在纤维表面上。Ahola 等发现在制备复合材料时,如果按照一定的顺序加入阳离子聚合物和纳米纤维素就能够取得良好的增强作用[83]。这种聚电解质的改性纤维素方法被用于纸张抄造的过程中,这样可以提高纸张干强度,同时也可以用在制备增强纤维素复合材料中[84]。

1.6 纳米纤维素的应用

纳米复合材料是指有两种或两种以上的物理或化学性质不同的物质组合而成的一种多相固体材料,其中至少有一种在一维方向处于纳米级的颗粒,这种纳米级的颗粒必须具有与普通大尺寸物质所不同的特殊性质。纳米纤维素在通过一定的方法制备后,通过与其他物质的复合,纳米纤维素的增加,使得所制备的复合材料具有特殊的性能。

1.6.1 增强复合材料

纳米纤维素作为增强填料已被用于包括聚乙烯、聚己内酯、甘油塑化淀粉、苯乙烯、乙酰丁酸纤维素和环氧树脂等在内的许多聚合物体系中。

Hajji 等将纳米纤维素与聚苯乙烯和丙烯酸丁酯的混合物聚合制备复合材料,随着纳米纤维素的加入,复合材料热力学行为显现出增强的趋势。研究表明,制备条件对纳米纤维素的增强作用影响较大。由于在热压和挤压过程中对纤维的破坏,造成其长宽比有着明显的下降,而这也是增强作用提高的一个原因[85]。Ruiz 等研究了纳米纤维素悬浮液在环氧树脂基质中的分散性和增强效果,在加入少量的纳米纤维素的情况下,复合材料的动力学性能得到了明显的改善,这是由于纳米纤维素在纤维表面和聚合物链之间由氢键形成填料的网络体系的原因[86]。Bhatnagar 等制备了含有 10% 的纳米纤维素和含有 90% 的聚乙烯醇的复合材料,并与纯聚乙烯醇制备的复合材料作了对比。研究表明,加入纳米纤维素的复合材料比纯聚乙烯醇材料有着明显的增强效果[87]。Oksman 等将纳米纤维素增强于以聚乳酸等为基质的纳米复合材料中,表现出优良的增强效果[55]。Wu 等将具有纳米尺寸的微晶纤维素加入到聚氨酯基质中,成功地制备出高强、高弹性的纳米复合材料,与不添加纳米纤维素的聚氨酯材料相比,加入纳米纤维素的复合材料在力学性能上有明显的增强。研究认为,力学性能的改善是由于聚氨酯和纳米纤维素之间的共价键和氢键的良好的相互作用产生的[88]。Nakagaito 等通过对纤维的精磨和匀质化处理,使得纤维完全的细纤维化,将纳米纤维素加入到以酚醛树脂为基质的复合材料中,由于这种微纤维特殊的纳米网状结构和高比表面积,其强度和杨氏模量均有着显著的增强[89,90]。Wang 和 Sain 还从大豆中制备出纳米纤维素,分别用于增强聚乙烯醇、聚乙烯和聚丙烯复合材料,研究表明,加入纳米纤维素的复合材料与不加纤维素或未处理的纤维相比,其在抗张强度和硬度均有较大的增强[45]。

Favier 等将平均直径为 20nm、长宽比为 100 左右的纳米纤维素与橡胶液混合制备复合材料,结果表明,当纳米纤维素加入量为 6% 时,与不添加纳米纤维素的薄膜材料相比，其力学性能（剪切模量）增加了两个数量级[25,91]。Noorani 等将纳米纤维素作为增强填料加入到聚砜基质中制备出复合薄膜材料，图 1-10 为不同纳米纤维素加入量对聚砜薄膜拉伸模量的影响曲线，研究认为，随着纳米纤维素的加入，拉伸模量呈增加的趋势，这是由于纳米纤维素在加入量较少的情况下能够较好地分散在基质中，从而发挥出特有的纳米结构的增强功能。当加入量超过 7% 时，由于纳米颗粒的团聚作用，降低了复合材料的强度[92]。Cao 等将纳米纤维素作为增强剂加入到聚乙酸内酯基的水溶性聚氨酯的基质中，研究表明，纳米纤维素均匀地分散在水溶性聚氨酯中，制备的复合薄膜材料的杨氏模量和抗张强度有着显著的增加，当纳米纤维素的含量为 10% 时，复合材料的杨氏模量有着指数级的增加，研究认为，纳米纤维素和水溶性聚氨酯之间发生了协同作用增强作用[93]。Pu 等用纳米纤维素作为增强材料与丙烯酸基质共混制备薄膜复合材料，同时用普通的洋槐纤维进行了复合材料的拉伸能量吸收和拉伸强度的对比分析研究[94]。从图 1-11 看出，当纳米纤维素加入量为 10% 时，拉伸能量吸收值最大，超过 10% 时，拉伸能量吸收值呈下降的趋势。图 1-12 关于拉伸强度的趋势与上述分析相同，相同条件下，普通洋槐纤维显现出低的强度值，研究认为，在纳米纤维素加入量固定的情况下，复合材料力学性能的增强效果取决于纳米纤维素晶须的尺寸效应[95,96]。

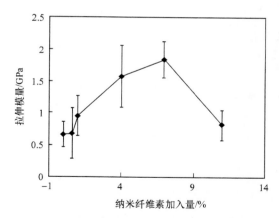

图 1-10 纳米微晶纤维素加入量对聚砜薄膜的拉伸模量的影响[89]

1.6.2 光学材料

许多研究者致力于制备强而透明的具有光学性能的复合材料。Iwamoto 等将纳米纤维素用于制备以树脂为基质的透明薄膜复合材料，在纳米纤维素含量达到 70% 时，复合材料仍呈现出透明的光学性质[38]。Nogi 等以纳米纤维素作为增强剂制备具有透明光学性质的复合材料，并将纳米纤维素经过乙酰化处理后用于制

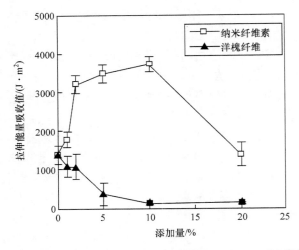

图 1-11　丙烯酸/纤维素薄膜材料拉伸性能(TEA)分析[95]

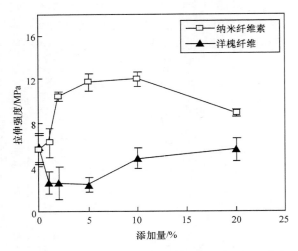

图 1-12　丙烯酸/纤维素薄膜材料拉伸强度分析[96]

备纳米复合材料,保持了纳米复合材料的光学透明性[70,95]。Cranston 等通过层层组装的方法制备含有纳米纤维素和聚氯丙烯酰胺的纳米复合薄膜材料,对其光学性能进行研究表明,薄膜的彩色的性质很容易被修饰[97]。Wang 等由混合酸水解制备的球形纳米纤维素高多分散性的悬浮液形成液晶相,并且液晶相的纹理随着浓度的提高发生变化[98]。

1.6.3　医学材料

由于纳米纤维素良好的生物相容性以及其独特的纳米结构及性质,一些研究者试图将其应用在生物组织或功能支架材料、药物载体以及纳米荧光指示剂医药领[99]。Czaja 等认为,纳米纤维素将会成为医药和组织工程应用中天然的优良材料,细菌纤维素还可以用于引导组织再生、齿根模塑加工和脑组织周围的硬膜材料[100]。Millon 等用纳米纤维素与聚乙烯醇制备的纳米复合材料的力学性能与像心脏瓣膜这样的心脏血管组织相似,这无疑为纳米纤维素在医药领域的应用提供了条件[101]。

另外,生物药领域已经开始探索利用纤维亲水的性质来制备水凝胶。水凝胶是一种在医药和制药应用中用于制作如药物载体、组织支架、调节器/传感器、瓣膜等合适的材料[102~104]。Nelson 等认为,由于纳米纤维素具有生物降解和无毒的特性,在设计新的药物载体材料方面有着广阔的前景[52]。

1.6.4 模板剂材料

Dujardin 等研究了纳米纤维素和在制备陶瓷中的应用,将具有高长宽比和窄粒径分布纳米纤维素作为模板剂制备出分布统一的孔结构陶瓷材料[105]。Shin 和 Exarhos 利用纳米纤维素作为模板剂通过煅烧制备出 5~7nm 的纳米锐钛矿相的二氧化钛。这种新型的具有高比表面积(170~200m^2/g)的二氧化钛材料将被广泛地用于催化反应、催化剂载体和光电应用[106]。Shin 等还以纳米纤维素作为还原和引导剂通过水热法制备了 10~20nm 的硒纳米颗粒,同时还论证了纳米纤维素在温和的条件下作为表面介质制备无机纳米颗粒的应用[107]。Zhou 等利用纳米纤维素为形貌诱导剂制备方形纳米二氧化钛,研究表明,制备的方形纳米二氧化钛的形貌规整、尺寸分布窄,相结构为锐钛型单晶结构,并对甲基橙有优良的光催化降解性能。

1.6.5 其他

智能材料与传感器作为一种新的材料引起人们的广泛兴趣。纤维材料既不导电也不导热,然而,一些文献认为制备具有传导性能的纤维纳米复合材料是可行的。Agarwal 等论述了在纤维上组装带有相反电荷的聚电解质的可能性,同时提出了导电纳米复合材料在智能纸中可能的应用[108]。Van den Berg 等用纳米纤维素制备了具有传导性能的纳米复合薄膜[109]。Kim 等进一步扩大了纤维素在仿生传感器设备和微型机电系统中作为一种智能材料的应用。这种智能纤维素材料被称为电活性的纸,它可以产生低驱动电压、低功耗的弯曲位移。由于纤维素电活性的超轻量、价廉和可生物降解的特性,在许多应用中如微型昆虫机器人、微型飞行体、微机电系统、生物传感器以及灵活的电子显示器有着巨大的优势[110]。

参 考 文 献

[1] Wegner T H, Jones P E. Advancing cellulose-based nanotechnology. Cellulose, 2006, 13: 115-118
[2] Lima M M D S, Borsali R. Rodlike cellulose microcrystals: structure, properties, and applications. Macromolecular Rapid Communications, 2004, 25: 771-787
[3] Hamad W. On the development and applications of cellulosic nanofibrillar and nanocrystalline materials. The Canadian Journal of Chemical Engineering, 2006, 84(10): 513-519
[4] Fink H P, Fanter D, Philipp B. Wide angle X-ray-investigation on the supermolecular structure at the cellulose-I cellulose-II phase-transition. Acta Polymerica, 1985, 36: 1-8
[5] Polizzi S, Fagherazzi G, Benedettii A, et al. A fitting method for the determination of crystallinity by means of X-ray diffraction. Journal of Applied Crystallography, 1990, 23: 359-365
[6] Ilharco L M, Garci A R, Lopes da Silva J, et al. Infrared approach to the study of adsorption on cellulose: influence of cellulose crystallinity on the adsorption of benzophenone. Langmuir, 1997, 13: 4126-4132
[7] Stubbs G. The probability distributions of X-ray intensities in fiber diffraction: largest likely values for fiber diffraction R factors. Acta Crystallographica Section A, 1989, 45: 254-258
[8] Jarvis M. Chemistry: cellulose stacks up. Nature, 2003, 426: 611-612
[9] 李伟, 王锐, 刘守新. 纳米纤维素的制备. 化学进展, 2010, 22(10): 2060-2070
[10] Kobayshi S, Ohmae M. Enzymatic polymerization to polysaccharides. Advances in Polymer Science, 2006, 194: 159-210
[11] Beck-Candanedo S, Roman M, Gray D G. Effect of reaction conditions on the properties and behavior of wood cellulose nanocrystal suspensions. Biomacromoleculesecules, 2005, 6: 1048-1054
[12] Marchessault R H, Morehead F F, Koch M J. Some hydrodynamic properties of neutral suspensions of cellulose crystallites as related to size and shape. Journal of Colloid Science, 1961, 16: 327-344
[13] Bondeson D, Mathew A, Oksman K. Optimization of the isolation of nanocrystals from microcrystalline cellulose by acid hydrolysis. Cellulose, 2006, 13: 171-180
[14] Filson P B, Dawson-Andoh B E. Sono-chemical preparation of cellulose nanocrystals from lignocellulose derived materials. Bioresource Technology, 2009, 100: 2259-2264
[15] Wen B, James H, Li K C. A technique for production of nanocrystalline cellulose with a narrow size distribution. Cellulose, 2009, 16: 455-465
[16] Ranby B G. The colloidal properties of cellulose micelles. Discussions Faraday Society, 1952, 11: 158-164
[17] Araki J, Wada M, Kuga S, et al. Flow properties of microcrystalline cellulose suspension prepared by acid treatment of native cellulose. Colloids and Surfaces A, 1998, 142: 75-82
[18] Zhang J G, Elder T J, Pu Y Q, et al. Facile synthesis of spherical cellulose nanoparticles.

Carbohydrate Polymers,2007,69:607-611

[19] Dong X M, Revol J F, Gray D G. Effect of microcrystallite preparation conditions on the formation of colloid crystals of cellulose. Cellulose,1998,5(1):19-32

[20] Garcia de Rodriguez N L, Thielemans W, et al. Sisal cellulose whiskers reinforced polyvinyl acetate nanocomposites. Cellulose,2006,13:261-270.

[21] Moran J I, Alvarez V A, Cyras V P, et al. Extraction of cellulose and preparation of nanocellulose from sisal fibers. Cellulose,2008,15:149-159

[22] Fengel D, Wegener G. Wood: Chemistry, Ultrastructure, Reactions. New York: Walter de Gruyter,1984

[23] Ranby B G. Physico-chemical investigations on bacterial cellulose. Ark Kemi,1952,4:249-257

[24] Ranby B G. Physicochemical investigations on animal cellulose (Tunicin). Ark Kemi,1952,4:241-248

[25] Favier V, Chanzy H, Cavaille J Y. Polymer nanocomposites reinforced by cellulose whiskers. Macromolecules,1995,28:6365-6367

[26] Terech P, Chazeau L, Cavaillé J Y. A small-angle scattering study of cellulose whiskers in aqueous suspensions. Macromolecules,1999,32:1872-1875.

[27] Sturcova A, Davies G R, Eichhorn S J. Elastic modulus and stress-transfer properties of tunicate cellulose whiskers. Biomacromoleculesecules,2005,6:1055-1061

[28] Araki J, Kuga S. Effect of trace electrolyte on liquid crystal type of cellulose microcrystals. Langmuir,2001,17:4493-4496

[29] Tokoh C, Takabe K, Fujita M, et al. Cellulose synthesized by Acetobacter Xylinum in the presence of Acetyl Glucomannan. Cellulose,1998,5:249-261

[30] Roman M, Winter W T. Effect of sulfate groups from sulfuric acid hydrolysis on the thermal degradation behavior of bacterial cellulose. Biomacromolecules,2004,5:1671-1677

[31] Grunert M, Winter W T. Nanocomposites of cellulose acetate butyrate reinforced with cellulose nanocrystals. Journal of Polymers and the Environment,2002,10:27-30.

[32] Henriksson M, Henriksson G, Berglund L A, et al. An environmentally friendly method for enzyme-assisted preparation of microfibrillated cellulose (MFC) nanofibers. European Polymer Journal,2007,43(8):3434-3441

[33] Janardhnan S, Sain M. Isolation of cellulose microfibrils-An enzymatic approach. Biological Research,2006,1(2):176-188

[34] Paakko M, Ankerfors M, Kosonen H, et al. Enzymatic hydrolysis combined with mechanical shearing and high-pressure homogenization for nanoscale cellulose fibrils and strong gels. Biomacromolecules,2007,8(6):1934-1941

[35] Turon X, Roias O J, Deinhammer R S. Enzymatic kinetics of cellulose hydrolysis: A QCM-D sdudy. Langmuir,2008,24(8):3880-3887

[36] Nakagaito A N, Yano H. The effect of morphological changes from pulp fiber towards

nano-scale fibrillated cellulose on the mechanical properties of high strength plant fiber based composites. Applied Physics A: Materials Science & Processing,2004,78(4): 547-552

[37] Chakraborty A,Sain M,Kortschot M. Cellulose microfibrils:A novel method of preparation using high shear refining and cryocrushing. Holzforschung,2005,59(1):102-107

[38] Iwamoto S,Nakagaito A N,Yano H,et al. Optically transparent composites reinforced with plant fiber-based nanofibers. Applied Physics A,2005,81:1109-1112

[39] Bruce D M,Hobson R N,Farrent J W,et al. High performance composites from low-cost plant primary cell walls. Composites Part A:Applied Science and Manufacturing,2005,36 (11):1486-1493

[40] Leitner J,Hinterstoisser B,Wastyn M,et al. Sugar beet cellulose nanofibril-reinforced composites. Cellulose,2007,14:419-425

[41] Dufresne A,Cavaille J Y,Vignon M R. Mechanical behaviour of sheets prepared from sugar beet cellulose microfibrils. Journal of Applied Polymer Science,1997,64:1185-1194

[42] Dinand E,Chanzy H,Vignon M R. Parenchymal cell cellulose from sugar beet pulp:preparation and properties. Cellulose,1996,3:183-188

[43] Wagberg L,Decher G,Norgren M,et al. The build-up of polyelectrolyte multilayers of microfibrillated cellulose and cationic polyelectrolytes. Langmuir,2008,24(3):784-795

[44] Alemdar A,Sain M. Isolation and characterization of nanofibers from agricultural residues-Wheat straw and soy hulls. Bioresource Technology,2008,99(6):1664-1671

[45] Wang B,Sain M. Dispersion of soybean stock-based nanofiber in a plastic matrix. Polymer International,2007,56(4):538-546

[46] Yamanaka S,Watanabe K,Kitamura N. The structure and mechanical properties of sheets prepared from bacterial cellulose. Journal of Material Science,1989,24:3141-3145

[47] Ross P,Mayer R,Benziman M. Cellulose biosynthesis and function in bacteria. Microbiological Reviews,1991,55(1):35-58

[48] Uraki Y,Morito M,Kishimoto T,et al. Bacterial cellulose production using monosaccharides derived from hemicellulose in water-soluble fraction of water liquor from atmosphere acetic acid pulping. Holzforschung,2002,56(4):341-347

[49] Bae S,Shoda M. Bacterial cellulose production by fed-batch fermentation in molasses medium. Biotechnology Progress,2004,20:1366-1371

[50] Ishihara M,Matsunaga M,Hayashi N,et al. Utilization of d-xylose as carbon source for production of bacterial cellulose. Enzyme and Microbial Technology,2002,31(7):986-991

[51] Oksman K,Mathew A P,Bondeson D,et al. Mannufacturing process of cellulose whiskers/polylactic acid nanocomposites. Composites Science and Technology,2006,66(15): 2776-2784

[52] Nelson K,Deng Y L. Encapsulation of inorganic particles with nanostructured cellulose. Macromolecular Materials and Engineering,2007,292(10-11):1158-1163

[53] Kulpinski P. Cellulose nanofibers prepared by the N-methylmorpholine-N-oxide method. Journal of Applied Polymer Science,2005,98(4):1855-1859

[54] Kim C W,Kim D S,Kang S Y,et al. Structural studies of electrospun cellulose nanofibers. Polymer,2006,47(14):5097-5107

[55] Viswanathan G,Murugesan S,Pushparsj V,et al. Preparation of biopolymer fibers by electrospinning from room temperature ionic liquids. Biomacromolecules,2006,7(2):415-418

[56] Olivier H. Recent developments in the use of non-aqueous ionic liquids for two-phase catalysis. Journal of Molecular Catalysis A:Chemical,1999,146(1-2):285-289

[57] Gindl W,Keckes J. All-cellulose nanocomposites. Polymer,2005,46(23):10221-10225

[58] Kilpelainen I,Xie H,King A,et al. Dissolution of wood in ionic liquids. Journal of Agricultural and Food Chemistry,2007,55(22):9142-9148

[59] Sui X F,Yuan J Y,Yuan W Z,et al. preparation of cellulose nanofibers/nanopoarticles via electrospray. Chemistry Letters,2008,37(1):114

[60] Kadokawa J I,Murakami M A,Kaneko Y. A facile method for preparation of composites composed of cellulose and a polystyrene-type polymeric ionic liquid using a polymerizable ionic liquid. Composites Science and Technology,2008,68(2):493-498

[61] De Rodriguez N LG,Thielemans W,Dufresne A. Sisal cellulose whiskers reinforced polyvinyl acetate nanocomposites. Cellulose,2006,13(3):261-270

[62] Montanari S,Rountani M,Heux L,et al. Topochemistry of carboxylated cellulose nanocrystals resulting from TEMPO-mediated oxidation. Macromol,2005,38(5):1665-1671

[63] Saito T,Kimura S,Nishiyama Y,et al. Cellulose nanofibers prepared by TEMPO-mediated oxidation of native cellulose. Biomacromolecules,2007,8(8):2485-2491

[64] Habibi Y,Chanzy H,Vignon M R. TEMPO-mediated surface oxidation of cellulose whiskers. Cellulose,2006,13(6):679-687

[65] Nakagaito A N,Yano H. Novel high-strength biocomposites based on microfibrillated cellulose having nano-order-unit web-like network structure. Applied Physics A:Materials Science & Processing,2005,80(1):155-159

[66] Dufresne A,Cavaille J Y,Helbert W. Thermoplastic nanocomposites filled with wheat straw cellulose whiskers. Part Ⅱ. Effect of processing and modeling. Polymer Composites,1997,18(2):198-210

[67] Helbert W,Cavaillé J Y,Dufresne A. Thermoplastic nanocomposites filled with wheat straw cellulose whiskers. Part I:Processing and mechanical behavior. Polymer Composites,1996,17(4):604-611

[68] Bhatnagar A,Sain M. Processing of cellulose nanofiber-reinforced composites. Journal of Reinforced Plastics and Composites,2005,24(12):1259-1268

[69] Orts W J,Shey J,Imam S H,et al. Application of cellulose microfibrils in polymer nanocomposites. Journal of Polymers and the Environment,2005,13(4):301-306

[70] Nogi M,Ifuku S,Abe K,et al. Fiber-content dependency of the optical transparency and

thermal expansion of bacterial nanofiber reinforced composites. Applied Physics Letters, 2006,88(13):article 133124

[71] Cai X L,Riedl B,Ait-Kadi A. Effect of surface-grafted ionic groups on the performance of cellulose-fiber-reinforced thermoplastic composites. Journal of Polymer Science Part B:Polymer Physics,2003,41(17):2022-2032

[72] Stenstad P,Andresen M,Tanem B S,et al. Chemical surface modification of microfibrillated cellulose. Cellulose,2008,15(1):35-45

[73] Dou H J,Yang W H,Sun K. A facile fabrication to cellulose-based nanoparticles with thermo-responsivity and carboxyl functional groups. Chemical Letters,2006,35(12):1374-1375

[74] Caulfield D F,Koutsky J A,Quillen D T. Cellulose/polypropylene composites:The use of AKD and ASA sizing as compatibilizers// Wolcott M P. Wood Fiber/Polymer Composites. Forest Products Society,1993,128-134

[75] Mwaikambo L Y,Ansell M P. The effect of chemical treatment on the properties of hemp, sisal,jute and kapok for composite reinforcement. Angewandte Makromolekulare Chemie, 1999,272:108-116.

[76] Kim D Y,Nishiyama Y,Kuga S. Surface acetylation of bacterial cellulose. Cellulose,2002, 9(3):361-367

[77] Li X,Tabil L G,Panigrahi S. Chemical treatments of natural fiber for use in natural fiber-reinforced composites:A review. Journal of Polymers and the Environment,2007,15:25-33

[78] Gousse C,Chanzy H,Cerrada M L,et al. Surface silylation of cellulose microfibrils:Preparation and rheological properties. Polymer,2004,45(5):1569-1575

[79] Panaitescu D M,Donescu D,Brecu C,et al. Polymer composites with cellulose microfibrils. Polymer Engineering & Science,2007,47(8):1228-1234

[80] Castellano M,Gandini A,Fabbri P,et al. Modication of cellulose fibres with organosilanes: Under what conditions does coupling occur? Journal of Colloid and Interface Science,2004, 273(2):505-511

[81] Gradwell S E,Renneckar S,Esker A R,et al. Surface modification of cellulose fibers:Towards wood composites by biomimetics. Comptes Rendus Biologies, 2004, 327(9-10): 945-953

[82] Ljungberg N,Bonini C,Bortolussi F,et al. New nanocomposite materials reinforced with cellulose whiskers in atactic polypropylene:Effect of surface and dispersion characterisitics. Biomacromolecules,2005,6(5):2732-2739

[83] Ahola S,Osterberg M,Laine J. Cellulose nanofibrils-Adsorption with poly(amideamine) epichlorohydrin studies by QCM-D and application as a paper strength additive. Cellulose, 2008,15(2):303-314

[84] Hubbe M A. Dry-strength development by polyelectrolyte complex deposition onto non-bonding glass fibers. Journal of Pulp and Paper Science,2005,31(4):159-166

[85] Hajji P,Cavaille J Y,Favier V,et al. Tensile behavior of nanocomposites from latex and

cellulose whiskers. Polymer Composites,1996,17(4):612-619

[86] Ruiz M M,Cavaille J Y,Dufresne A,et al. New waterborne epoxy coatings based on cellulose nanofillers. Macromolecular Symposia,2001,169:211-222

[87] Azizi SM A S,Alloin F,Sanchez J Y,et al. Cellulose nanocrystals reinforced poly (xyethylene). Polymer,2004,45(12):4149-4157

[88] Wu Q,Henrihsson M,Liu X H,et al. A high strength nanocomposite based on microcrystalline cellulose and polyurethane. Biomacromolecules,2007,8(12):3687-3692

[89] Nakagaito A N,Yano H. The effect of morphological changes from pulp fiber towards nano-scale fibrillated cellulose on the mechanical properties of high strength plant fiber based composites. Applied Physics A: Materials Science & Processing, 2004, 78 (4): 547-552

[90] Nakagaito A N,Iwamoto S,Yano H. Bacterial cellulose: The ultimate nano-scalar cellulose morphology for the production of high-strength composites. Applied Physics A: Materials Science & Processing,2005,80(1):93-97

[91] Favier V,Canova G R,Cavaille J Y,et al. Nanocomposite materials from latex and cellulose whiskers. Polymers for Advanced Technologies,1995,6(5):351-355

[92] Noorani S,Simonsen J,Atre S. Nano-enabled microtechnology:polysulfone nanocomposites incorporating cellulose nanocrystals. Cellulose,2007,14,577-584

[93] Cao X D,Dong H,Li C M. New nanocomposite materials reinforced with flax cellulose nanocrystals in waterborne polyurethane. Biomacromolecules,2007,8(3):899-904

[94] Pu Y Q,Zhang J G,Elder T,et al. Investigation into nanocellulosics versus acacia reinforced acrylic films. Composites Part B:Engineering,2007,38:360-366

[95] Nogi M,Abe K,Handa K,et al. Property enhancement of optically transparent bionanofiber composites by acetylation. Applied Physics Letters,2006,88(23),article 233123

[96] Bochek A M,Ten'kovtsev A V,Dudkina M M,et al. Nonlinear optically active nanocomposite based on cellulose. Polymer Science Series B,2004,46(3-4):109-112

[97] Cranston E D,Gray D G. Morphological and optical characterization of polyelectrolyte multilayers incorporating nanocrystalline cellulose. Biomacromolecules,2006,7(9):2522-2530

[98] Wang N,Ding E,Cheng R S. Preparation and liquid crystalline properties of spherical cellulose nanocrystals. Langmuir,2008,24(1):5-8

[99] Petersson L,Oksman K. Biopolymer based nanocomposites:Comparing layered silicates and microcrystalline cellulose as nanoreinforcement. Composites Science and Technology,2006, 66(13):2187-2196

[100] Czaja W K,Young D J,Kawecki M,et al. The future prospects of microbial cellulose in biomedical applications. Biomacromolecules,2007,8(1):1-12

[101] Millon L E,Wan W K. The polyvinyl alcohol-bacterial cellulose syetem as a new nanocomposites for biomedical applications. Journal of Biomedical Materials Research Part B Applied Biomaterials,2006,79B(2):245-253

[102] Liang D, Hsiao B S, Chu B. Functional electrospun nanofibrous scaffolds for biomedical applications. Advanced Drug Delivery Reviews, 2007, 59(14): 1392-1412
[103] Ivanov C, Popa M, Ivanov M, et al. Synthesis of poly (vinyl alcohol) - methyl cellulose hydrogel as possible scaffolds in tissue engineering. Journal of Optoelectronics and Advanced Materials, 2007, 9(11): 3440-3444
[104] Michailova V, Titeva S, Kotsilkova R. Rheological characteristics and diffusion processes in mixed cellulose hydrogen matrices. Journal of Drug Delivery Science and Technology, 2005, 15(6): 443-449
[105] Dujardin E, Blaseby M, Mann S. Synthesis of mesoporous sillca by sol-gel mineralization of cellulose nanorod nematic suspensions. Journal of Materials Chemistry, 2003, 13(4): 696-699
[106] Shin Y, Exarhos G J. Template synthesis of porous titania using cellulose nanocrystals. Materials Letters, 2007, 61(11-12): 2594-2597
[107] Shin Y, Bae I T, Arey B W, et al. Simple preparation and stabilization of nickel nanocrystals on cellulose nanocrystal. Materials Letters, 2007, 61(14): 3215-3217
[108] Agarwal M, Lvov Y, Varahramyan K. Conductive wood microfibres for smart paper through layer-by-layer nanocoating. Nanotechnol, 2006, 17(21): 5319-5325
[109] Van den Berg O, Schroeter M, Capadona J R, et al. Nanocomposites based on cellulose whiskers and (semi) conducting conjugated polymers. Journal of Materials Chemistry, 2007, 17(26): 2746-2753
[110] Kim J, Yun S. Discovery of cellulose as a smart material. Macromolecules, 2006, 39(12): 4202-4206

第 2 章　超声辅助酸水解制备纳米纤维素

2.1　引　　言

纳米纤维素与传统纤维素相比,由于纳米纤维素的高纯度、高结晶度、高杨氏模量、高强度等特性,其在材料合成上展示出了极高性能,加之其具有生物材料的轻质、可降解、生物相容及可再生等特性,使其在高性能复合材料中显示出巨大的应用前景[1]。

目前,国内外以木材[2]、棉花[3]、麻类[4]、细菌纤维素[5,6]和被囊动物[7]等不同原料通过可控的化学酸水解方法制备纳米纤维素。超声波所产生的"空化效应"被广泛用于物理和化学体系中[8]。其作用机理是在液相状态下,由超声作用产生气泡,气泡生长变大并发生内爆破,从而加速化学反应的速度。目前,超声波在制备纳米纤维素的过程中,大多是辅助用于改善酸水解制备纳米纤维素后悬浮液的分散性。本节利用超声辅助酸水解的方法制备纳米纤维素,将超声的作用应用于整个酸水解的过程中,提高酸水解的效率,以期高效快速地制备纳米纤维素。

2.2　实　验　部　分

2.2.1　实验原料

实验用纸浆为商业漂白硫酸盐法针叶浆,白度为 89%ISO,加拿大标准游离度(CSF)为 600mL;透析袋直径为 3cm,其截留相对分子质量 MWCO 为 8000～14 000;氢氧化钠(分析纯)、二甲基亚砜(分析纯)、浓硫酸(98%)(分析纯)、乙二胺(分析纯)、硫酸铜(分析纯)。

2.2.2　纳米纤维素的制备

将漂白针叶浆用木粉研磨机研磨过 40～60 目筛网。取 10.0g 木粉加入 100mL 4% 的 NaOH,在 80℃的水浴中加热 4h,然后用蒸馏水洗至中性。将上述样品加入 100mL 的二甲基亚砜溶液,同样在 80℃的水浴槽中加热 4h,然后用蒸馏水洗净。将上述样品置于 500mL 三口瓶中,加入 80mL 64% 的 H_2SO_4 溶液,在 45℃超声(450W)条件下不断搅拌 1.5h,样品变为淡黄色悬浊液。将酸水解后的悬浮液加入 500mL 的蒸馏水稀释以终止反应。在转数为 8000r/min 条件下,通过离心/洗涤的方法去除过量的酸。上述方法重复 5 次直至悬浮液的 pH 为 3~5。将上述悬浊液加入到透析袋中,在蒸馏水透析洗涤 15 天直至悬浮液的 pH 恒定不变。将透析洗涤后的悬浮液用转速为 22 000r/min 的匀质机进行匀质化处理。最后将悬浮液浓缩冷冻干燥后备用。将相同方法下未采用超声辅助下的酸水解制备的样品作为对比实验;同时为了研究超声的作用,与上述方法相同,不使用硫酸水解,将纤维放于水中,在超声的作用下处理纤维,考察纤维在超声作用下的变化。

2.2.3 材料表征

利用扫描电子显微镜(FEI QUANTA200)观察超声处理下的纤维形貌变化;利用 FEI/Philips Tecnai G2 型透射电镜对纳米纤维素的形貌进行观察;利用 TG209-F3-Tarsus 型热重分析仪对样品进行分析,热重分析温度范围为 25~600℃;采用日本理学 D/max-r B 型 X 射线衍射仪观察样品的结晶结构,扫描范围 $2\theta=10°\sim30°$;采用分峰法计算结晶度,其中结晶度的计算方法为,纤维素的结晶结构通过 XRD 分析测得,测定入射角 θ 和相应的 X 射线衍射强度,以 2θ 为横坐标,X 射线强度为纵坐标,作出 X 射线强度曲线。在纤维素的 X 射线衍射图中,(002)面衍射强度代表了结晶区的强度,其结晶度计算如下:

$$结晶度 = I_c/(I_c + I_a) \times 100\% \qquad (2-1)$$

其中,I_c 为(002)峰强度;I_a 为无定形区强度。利用 Magana-IR560E.S.P 傅里叶变换红外光谱仪,采用 KBr 压片法测定,频率范围 $4000\sim400\text{cm}^{-1}$,分辨率为 2cm^{-1}。

2.2.4 化学组分分析

1)纤维素含量的测定

配制一定量 20%硝酸和 80%乙醇混合液待用,取一定量试样放入 250mL 锥形瓶中,加入 25mL 硝酸乙醇混合溶液,回流反应 1h,加热过程中经常摇荡锥形瓶,过滤,滤渣回收到锥形瓶中,再用 25mL 硝酸乙醇混合溶液如前述般处理,反复多次至纤维变白,最后用热水反复洗涤至中性,用乙醇洗涤两次,残渣在 105℃ 下烘至恒重。纤维素含量按式(2-2)计算:

$$X = G/G_1(1-W) \times 100 \qquad (2-2)$$

式中,X 为纤维素含量,%;G 为残渣重量,g;G_1 为试样质量,g;W 为试样水分,%。

2)半纤维素含量的测定

总纤维素含量减去纤维素含量即半纤维素含量。

3)纤维素聚合度的测定

随机选取 3 份 40mg 的纤维素和纳米纤维素样品,放入 10mL 蒸馏水以及 1M* 的铜乙二胺溶液,搅拌使样品全部溶解配制成浓度为 0.2g/100mL 的纤维素铜乙二胺溶液。本测定参照中华人民共和国纺织行业标准:黏胶纤维用浆粕黏度的测定 FZ/T50010.3—1998 中的《特性黏度测定——铜乙二胺溶液法(方法 A)》来测定。

2.3 结果与讨论

2.3.1 纤维素的形貌分析

图 2-1 为漂白针叶浆和经超声处理漂白针叶浆(U-BSKP)样品的形貌和尺寸的 SEM 图。未经超声处理的漂白针叶浆形貌如图 2-1(a)所示,纤维的形貌呈现不规则的特点,其直径约为 $20\mu m$,长度为 $400\sim1000\mu m$。同时可以看出,漂白针叶浆纤维的表面较为光滑。图 2-1(b)、(c)、(d)为经过超声处理后纤维不同程度和不同形式的形貌的变化,图 2-1(b)为经过超声处理后纤维 S1 层的剥落现象。从图中可以清楚地看到,由超声产生的高能的空化微泡不断地冲击纤维的表面,造成纤维的微纤丝间的内聚力降低从而剥离开来;图 2-1(c)为由超声处理导致纤维发生的表面侵蚀现象;图 2-1(d)为纤维超声导致的纤维细纤维化现象,可以看到,纤维局部的细纤维甚至达到了纳米纤维的级别。这种纤维发生的现象更加说明,即使是较低超声功率的超声波,其产生的空化微泡的物理作用仍能够降低纤维中微纤丝的内聚力。上述这些现象表明,经过超声处理后的纤维更有利于吸湿润胀,同时提高了比表面积,增加反应点,为进一步水解提供了条件。

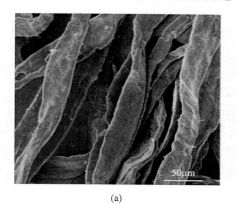

(a)

(b)

---

* 1M=1mol/L

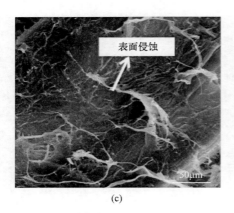 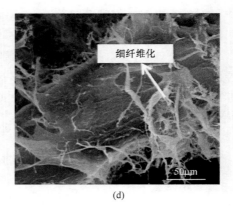

图 2-1 漂白针叶浆(a)和(b)、(c)、(d)超声处理后漂白针叶浆的 SEM 图

对经过漂白针叶浆原浆以及经过超声处理的样品的聚合度(DP)进行了检测，同样证实了漂白针叶浆纤维由于超声作用产生的变化。从表 2-1 可以看出，经过超声处理后的漂白针叶浆的聚合度从原来的 987 降低到 979，表明经过超声处理后，不仅漂白针叶浆纤维内聚力降低，同时漂白针叶浆的表面的纤维发生了部分降解。

2.3.2 纳米纤维素的形貌分析

酸水解下制备的纳米纤维素和超声辅助酸水解制备的纳米纤维素(UH-纳米纤维素)如图 2-2 所示。由图可以看出，所制备的纳米纤维素均为棒状结构。酸水解下制备的纳米纤维素的直径为 10～20nm，其长度为 50～300nm，平均长度为 150nm，其中长度为 100～250nm 的纳米纤维素的比例为 90%。与酸水解下制备的纳米纤维素相比，超声辅助酸水解制备的纳米纤维素的直径为 10～20nm，其长度为 40～150nm，平均长度为 96nm，而长度在 40～150nm 的纳米纤维素的比例为 95%以上，且由图 2-2 中柱状图的分布来看，超声辅助酸水解纳米纤维素的长度分布比酸水解纳米纤维素的更加均一，其长度主要集中分布在 50～100nm 之间。

不同处理条件下的纤维的 α-纤维素、半纤维素以及聚合度如表 2-1 所示，酸水解纳米纤维素和超声辅助酸水解纳米纤维素的 α-纤维素由原浆的 84.2%分别增加为 93.8%和 96.4%，半纤维素有原浆的 15.8%分别降低到 6.2%和 3.6%，表明在酸水解的过程中，漂白针叶浆中大量的半纤维素被水解溶出。同时可以看出，在超声辅助酸水解制备的纳米纤维素的 α-纤维素含量更高，同时半纤维素的含量相对更低。由表中还可以看出，与酸水解纳米纤维素的聚合度 119 相比，超声辅助酸水解纳米纤维素的聚合度为 98，这表明更多的长链聚糖在超声辅助作用下被水解。这些长度和均一度的差别是由于超声空化作用的影响[8]。一定规模的超声空化泡通过液相介质瞬间发生破裂,由此产生强烈的冲击波,同时产生了大量的机械能和热能。这样的液体高能泡能够与纤维表面产生强烈的碰撞从而导致纤维形貌的变化[9,10]。所有的这些变化增加了水解剂和纤维反应的机会。超声的存在起到了非常好的促进作用,不仅能够将纤维内部变得松散,使酸能够更好地渗透,同时超声作用所导致的纤维表面形貌的变化更能够提高酸水解效率[11]。

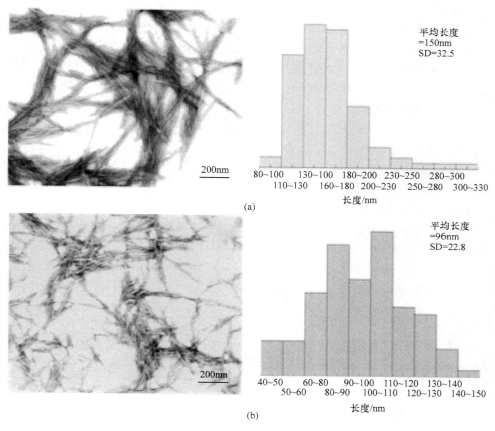

图 2-2 酸水解和超声辅助酸水解纳米纤维素的 TEM 及其长度分布图

表 2-1 漂白针叶浆和纳米纤维素的化学组成和聚合度表

样品	α-纤维素 /%	半纤维素 /%	聚合度
漂白针叶浆	84.2±0.4	15.8±0.7	987±10
超声处理漂白针叶浆	84.7±1.5	15.3±0.8	979±7
酸水解纳米纤维素	93.8±1.9	6.2±0.6	119±3
超声辅助酸水解纳米纤维素	96.4±1.2	3.6±0.2	98±2

2.3.3 纳米纤维素的热稳定性分析

图 2-3 分别为漂白针叶浆（BSKP）、超声处理漂白针叶浆（U-BSKP）、酸水解纳米纤维素（H-NCC）和超声辅助酸水解纳米纤维素（UH-NCC）的热重和热失重微分曲线图。从图中可以看出，所有的样品在低于 110℃ 时均有一个较小的失重，这对应的是样品吸附水的去除。酸水解纳米纤维素和超声辅助酸水解纳米纤维素与漂白针叶浆和超声处理纳米纤维素的热降解行为完全不同。酸水解纳米纤维素和超声辅助酸水解纳米纤维素的热降解均移向较低的温度，同时其降解的温度范围较宽，这说明纳米纤维素的热稳定性降低。其原因是纳米纤维素的纳米尺寸和其含有大量的自由端链结构，这样的纳米结构的颗粒反应活性更高，能够在相对较低的温度下发生热降解。

从热重曲线可以看出，酸水解纳米纤维素的降解表现为三个主要的降解过程，分别为 220～270℃、270～330℃ 和 330～470℃。相比之下，超声辅助纳米纤维素的初始降解温度更低，其第一段降解过程为 210～250℃；第二段为主要的热降解过程，为 250～300℃；第三段降解过程在 300～450℃，这段热降解过程中的热失重相对较少，且占据了一个相对较宽的温度范围。与酸水解纳米纤维素相比，超声辅助酸水解纳米纤维素的初始降解温度更低，这主要是因为超声辅助酸水解纳米纤维素的形貌尺寸更小。

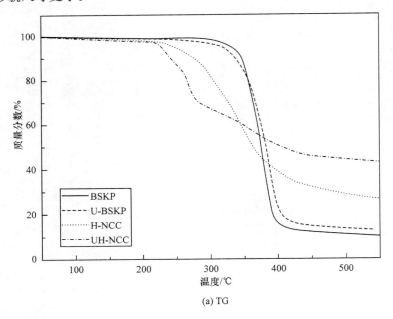

(a) TG

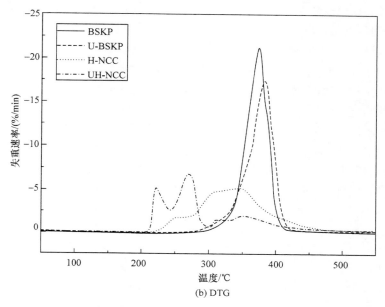

图 2-3　漂白针叶浆、超声处理漂白针叶浆、酸水解纳米纤维素和超声辅助
酸水解纳米纤维素的 TG 和 DTG 曲线图

由图 2-3(a)分别可以看出,漂白针叶浆、超声处理漂白针叶浆、酸水解纳米纤维素和超声辅助酸水解纳米纤维素经过整个降解过程的炭残渣量分别为 10%、12%、27%和 43%。酸水解纳米纤维素和超声辅助酸水解纳米纤维素的炭残渣量明显高于漂白针叶浆和超声处理漂白针叶浆,这可能是纳米纤维素的纳米尺寸和其大量的自由端链结构导致的。末端链在较低的温度下就能够发生降解,造成炭残渣量的增加。另外一个原因是硫酸被认为是一种脱水催化剂,在实验中去除酸的透析过程中,经过检测发现悬浮液内部的 pH 为 6 左右,仍然呈现弱酸性,这说明有一定量的 H^+ 存在,加速了样品在低温下的脱水过程。这样的过程能够使反应 $C_n(H_2O)_m \longrightarrow mH_2O + nC$ 更有效发生,另外在去除氧形成水的过程能够有效地阻止失重从而增加炭残渣量[12,13]。此外,与酸水解纳米纤维素相比,酸水解纳米纤维素残渣量更高的原因是由于其更小的形貌尺寸。

2.3.4　纳米纤维素的结晶结构分析

图 2-4 为漂白针叶浆、超声处理漂白针叶浆、酸水解纳米纤维素和超声辅助酸水解纳米纤维素的 X 射线衍射图。由图可以看出,所有的样品在 2θ 为 16.5°和 22.5°时有明显的衍射峰[14],表明尽管采用酸水解和超声辅助下的酸水解体系,所制备的纳米纤维素样品均呈现出与原浆漂白针叶浆相同的纤维素 I 型的结晶结

构,而样品的结晶度发生了较大的变化。漂白针叶浆的初始结晶度为74.1%,经过超声处理后其结晶度为74.9%,结晶度增加的原因是由于去除了少量的半纤维素。未经过超声辅助水解的酸水解纳米纤维素的结晶度为78.1%,而经过超声辅助酸水解的超声辅助酸水解纳米纤维素的结晶度为82.3%。这表明纤维在超声的作用下所引起的纤维素像折叠、表面侵蚀和细纤维化等变化,不仅改善了酸分子对纤维素的渗透性,同时增加了酸分子与纤维素的反应点,提高了酸水解效率。因此,更多的漂白针叶浆的无定形区被水解去除,从而获得了更高的结晶度。此外,从表2-1可以看出,与酸水解纳米纤维素的α-纤维素含量(93.8%)相比,超声辅助酸水解纳米纤维素的α-纤维素为96.4%,比酸水解纳米纤维素的α-纤维素高2.6%,表明更多的半纤维素在超声辅助酸水解的过程中被去除。

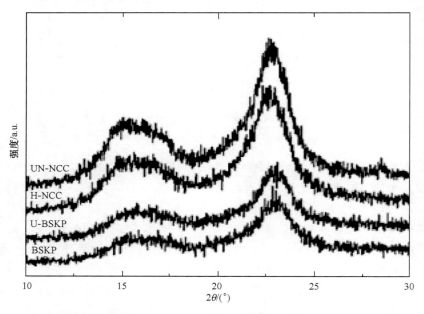

图2-4 漂白针叶浆、超声处理漂白针叶浆、酸水解纳米纤维素
与超声辅助酸水解纳米纤维素的X射线衍射图

2.3.5 纳米纤维素的表面官能团分析

图2-5为漂白针叶浆、超声处理漂白针叶浆、酸水解纳米纤维素和超声辅助酸水解纳米纤维素的红外光谱图。由图可以看出,所有的样品在3,410cm^{-1}处有一个很强的峰归属于O—H的伸缩振动峰;1056cm^{-1}为O—H的变形振动峰;2900cm^{-1}对应的是C—H的伸缩振动峰;1434cm^{-1}对应的是—CH_2的弯曲振动峰;峰位在1635cm^{-1}对应的是碳水化合物吸附水的H—O—H的伸缩振动;

902cm^{-1}对应的是纤维素 C—H 的变形振动。从四个样品的谱图上发现，所有样品的特征峰并没有明显的变化，说明漂白针叶浆无论是经过超声处理还是超声辅助水解的方法处理后，从漂白针叶浆到纳米纤维素虽然在形貌尺寸上发生了很大的变化，但其表面的化学官能团没有明显的改变。

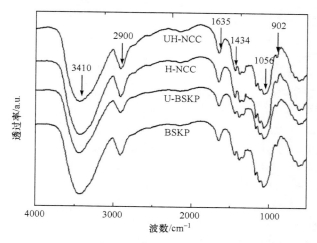

图 2-5　漂白针叶浆、超声处理漂白针叶浆、酸水解纳米纤维素和超声辅助酸水解纳米纤维素的红外光谱图

2.4　小　结

以漂白针叶浆为原料，采用超声辅助酸水解的方法制备出了纳米尺寸的、高结晶度的纳米纤维素。超声处理能够引起纤维表面的侵蚀、折叠和细纤维化等变化，这样的变化有利于酸分子更好地渗透到纤维内部同时还增加了酸分子与纤维的反应点。由超声辅助酸水解制备的纳米纤维素的直径为 10～20nm、平均长度为 96nm。超声辅助酸水解纳米纤维素的主要含有三个热降解过程。其热稳定性降低的主要原因是由于去纳米级别的尺寸和表面含有的大量末端链。超声辅助酸水解纳米纤维素降解初始温度较低，但其整个降解过程覆盖了一个较宽的温度范围，其最终炭残渣量为 43%。漂白针叶浆无论是经过超声处理还是超声辅助水解的方法处理后，其表面的化学官能团没有明显的改变。超声辅助水解制备的纳米纤维素的结晶度为 82.3%。

参 考 文 献

[1] Agarwal M, Lvov Y, Varahramyan K. Conductive wood microfibres for smart paper through layer-by-layer nanocoating. Nanotechnology, 2006, 17(21):5319-5325

[2] Van den Berg O, Schroeter M, Capadona J R, et al. Nanocomposites based on cellulose whiskers and (semi)conducting conjugated polymers. Journal of Materials Chemistry, 2007, 17(26):2746-2753

[3] Kim J, Yun S. Discovery of cellulose as a smart material. Macromolecules, 2006, 39(12): 4202-4206

[4] Dujardin E, Blaseby M, Mann S. Synthesis of mesoporous sillca by sol-gel mineralization of cellulose nanorod nematic suspensions. Journal of Materials Chemistry, 2003, 13(4):696-699

[5] Shin Y, Exarhos G J. Template synthesis of porous titania using cellulose nanocrystals. Materials Letters, 2007, 61(11-12):2594-2597

[6] Lahiji R R, Reifenberger R, Raman A, et al. Characterization of cellulose nanocrystal surfaces by SPM. NSTI Nanotechnology Conference and Trade Show Nanotechnology, 2008, 2: 704-707

[7] Revol J F, Bradford H, Giasson J, et al. Helicoidal self-ordering of cellulose microfibrils in aqueous suspension. International Journal of Biological Macromolecules, 1992, 14:170-172

[8] Moran J I, Alvarez V A, Cyras V P, et al. Extraction of cellulose and preparation of nanocellulose from sisal fibers. Cellulose, 2008, 15:149-159

[9] Caruso M M, Davis D A, Shen Q L, et al. Mechanically-induced chemical changes in polymeric materials. Chemical Reviews, 2009, 109(11):5755-5798

[10] Cintas P, Luche J L. Green chemistry: The sonochemical approach. Green Chemistry, 1999, 1(3):115-125

[11] Li Q Q, Renneckar S. Molecularly thin nanoparticles from cellulose: Isolation of sub-microfibrillar structures. Cellulose, 2009, 16(6):1025-1032

[12] Tang A M, Zhang H W, Chen G, et al. Influence of ultrasound treatment on accessibility and regioselective oxidation reactivity of cellulose. Ultrasonics Sonochemistry, 2005, 12(6): 467-472

[13] Wang N, Ding E Y, Cheng R S. Thermal degradation behaviors of spherical cellulose nanocrystals with sulfate groups. Polymer, 2007, 48(12):3486-3493

[14] Kim D Y, Nishiyama Y, Wada M, et al. High-yield carbonization of cellulose by sulfuric acid impregnation. Cellulose, 2001, 8(1):9-33

[15] Nishiyama Y, Sugiyama J, Chanzy H, et al. Crystal structure and hydrogen bonding system in cellulose Iα from synchrotron X-ray and neutron fiber diffraction. Journal of the American Chemical Society, 2003, 125(47):14300-14306

第3章 超声法制备纳米纤维素及增强聚乙烯醇复合材料

3.1 超声法处理微晶纤维素制备纳米纤维素及增强聚乙烯醇

3.1.1 引言

目前,关于制备纳米纤维素有许多不同的方法。不同的原材料与处理方法和分离方法能够制备出不同形貌的纳米纤维素。酸水解是目前最普遍的一种制备方法[1~5]。然而,其对纤维素潜在降解,对设备的腐蚀性和对环境的破坏性影响了其在制备过程中优势。除此之外,其还降低纳米纤维素的热稳定性[6~10]。

选取一种简单的、低成本的以及环境友好的制备方法是目前纳米纤维素领域的一大挑战[11~17]。目前人们选取了一些机械的制备方法,这些方法包括打浆[18,19]、高压匀质[20~22]和冷冻压榨[23,24]。最近,超声法被用来制备纳米纤维素[25~27]。超声能够广泛地用于化学和物理体系,由超声的空化效应引起的能够促进物理和化学反应速率[28,29]。

超声效应被广泛地用于降解聚糖的研究[30],例如壳聚糖[31,32]、葡聚糖[33,34]、木糖[35]和羧甲基纤维素[36,37]。Tang 等[38]利用超声处理提高了纤维素的可及度和反应活性。Chen 等[26]通过化学预处理结合高强超声的方法制备出纳米纤维素,通过这种方法制备出了直径约为 30nm 到几微米的纤丝。

聚乙烯醇(PVA)作为一种生物材料被广泛地用于药物控释、化学分离薄膜材料、食品包装、制药原料以及人造组织器官等应用研究中[39~41]。许多研究者采用将纳米纤维素分散于聚乙烯醇中的方法,制备出力学性能优良的增强复合材料[42]。

前期研究超声作用对纤维的影响时发现,常规的超声能够使纤维表面发生细纤维素化作用,部分纤维表面出现纳米级别的纤丝。为了能够寻找一种无酸体系下的纳米纤维素制备方法。本节选取一种不用任何化学处理的方法,以结晶度相对较高的微晶纤维素为原料制备纳米纤维素,采用高强超声的方法,制备棒状的纳米纤维素,并考察了超声功率和超声时间对制备的纳米纤维素的形貌、结晶度、热性能的影响。本章还将所制备的纳米纤维素作为增强剂制备复合聚乙烯醇薄膜材料,同时对薄膜材料的形貌、热性能以及力学性能进行了研究。

3.1.2 实验部分

1. 实验原料

微晶纤维素(MCC PH101-NF),标准型,聚乙烯醇,硅油(分析纯)。

2. 纳米纤维素的制备

取 2.0g(绝干)微晶纤维素(MCC),加入 600mL 蒸馏水,在室温下放置润胀 24h。将上述样品分成 6 份,然后使用高强超声处理上述样品。其中考察超声时间的影响时,固定超声功率为 1500W,超声时间为 5min、10min 和 15min,记为 NCC-m;考察超声功率的影响时,分别选取超声时间为 5min 和 10min,选取为 900W、1200W 和 1500W,记为 NCC-P。所有的超声制备过程均在冰浴中进行。每组超声处理完成后,将所制备的胶体悬浮液以 2000r/min 离心 10min 后去上层悬浮液,然后将上述的悬浮液再以 4000r/min 离心 10min 后,同样取上层悬浮液极为纯化后的纳米纤维素样品。将上述离心纯化后的悬浮液冷冻干燥后备用。

3. 聚乙烯醇复合材料的制备

将微晶纤维素为原料的以超声功率为 1500W 时处理 10min 制备的纳米纤维素作为增强剂,将制备的纳米纤维素在 40℃下真空干燥浓缩至浓度约为 0.35%,同时配制浓度为 10% 的聚乙烯醇溶液,按照纳米纤维素的添加比例,将上述两种溶液混合后搅拌均匀,然后在超声作用下除去混合溶液中的气泡。将上述制备好的混合液用流延法平铺在直径为 9cm 的表面皿中,为了防止膜干燥后难于揭起,在表面皿的表面涂上少量的硅油,在室温下使其成膜,后将其置于温度为 70℃下干燥 4 h,制备的薄膜的厚度约为 0.30 mm。不同纳米纤维素的加入量的薄膜制备方法同上。将加入量分别为 0、2%、4%、6% 和 8% 的纳米纤维素与聚乙烯醇的薄膜记为:聚乙烯醇(PVA)、PVA/NCC-2、PVA/NCC-4、PVA/NCC-6 和 PVA/NCC-8。

4. 材料表征

利用扫描电子显微镜(FEI QUANTA200)观察不同超声处理时间下的纤维形貌的变化;利用 FEI/Philips Tecnai G2 型透射电镜对不同超声功率和时间下的纳米纤维素进行观察;利用 TG209-F3-Tarsus 型热重分析仪对样品进行分析,热重分析温度范围为:25~600℃;利用 D/max-r B 型 X 射线衍射仪观察样品的结晶结构,扫描范围:$2\theta=10°\sim30°$,结晶度的计算方法参照 2.2.3 小节;利用动态力学分析仪(DMA-242C-NETZSCH)对制备的纳米纤维素增强复合材料进行力学性能分析,纳米纤维素与聚乙烯醇复合材料的力学性能通过动态力学分析(dynamic mechanical analysis,DMA)进行表征。样品制备成长为 5.5mm±0.2mm,宽为 3.0mm±0.1mm 和厚为 0.3mm±0.05mm 的长方形样品。固定频率为 2.5Hz,应变振幅为 0.01%,动态力为 1.0N,静态力为 0.1N。分析以 5℃/min 的速度进行升温,升温范围为 10~160℃。其他样品分析及制样方法参照 2.2.3 小节。

3.1.3 纤维素的表面形貌分析

图 3-1 为 MCC 在不同超声时间下的扫描电镜图。从图 3-1(a)可以看出,MCC 是的宽度为 20~50μm,长度为 50~100μm 的不规则的颗粒。当经过超声处理 1min 后,MCC 被破坏并形成不同大小的碎片,同时在 MCC 的表面可以看到超声对其的侵蚀作用;经过超声处理 2min 后,MCC 的表面的局部呈现出起毛和外部的细纤维化现象,同时在一些表面呈现出具有纳米结构的纤维;经过高强超声处理 10min 后,扫描电镜下呈现出一种纳米纤维素的网状结构,从图中可以清楚地看到网状结构中单根纳米纤维的直径为 10~20nm(图 3-1(d))。

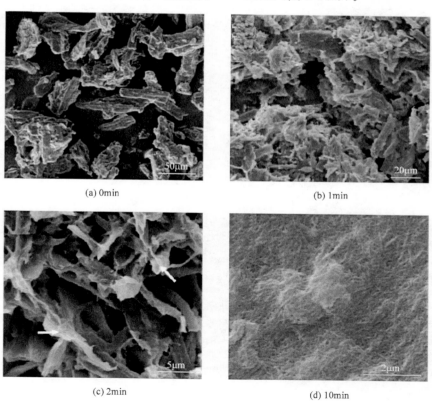

图 3-1 微晶纤维素经过不同超声处理时间的 SEM 形貌图

3.1.4 纳米纤维素的形貌分析

1. 超声功率对纳米纤维素形貌的影响

图 3-2 为不同超声功率下，超声处理时间为 10min 的纳米纤维素的 TEM 形貌图。从图中可以看出不同超声处理时间下所制备的纳米纤维素仍然具有规则的棒状结构。随着超声功率的增加，纳米纤维素的直径仍然为 10~20nm，但其长度的变化趋势不大。同时可以看出 TEM 下的棒状纳米纤维素呈现出团聚的现象，这是因为其在制样干燥的过程中纳米纤维素间氢键的作用引起的。为了确定超声功率对制备纳米纤维素的条件，纳米纤维素在功率为 900W、1200W 和 1500W 下的得率分别 17.4%、19.9%和 20.6%。可以看出，随着超声功率的增加，纳米纤维素制备的得率呈增加的趋势，但增加的比例相对较小，特别是当超声功率从1200W提高到 1500W 时，得率只提高了 0.7%。

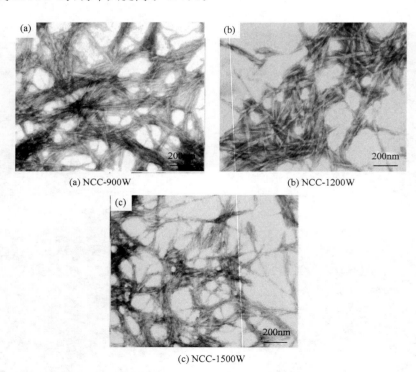

图 3-2 不同超声功率下处理 10min 制备的纳米纤维素的 TEM 图

2. 超声时间对纳米纤维素形貌的影响

图 3-3 为不同超声时间下的纳米纤维素的 TEM 形貌图,可以看出不同超声时间下所制备的纳米纤维素具有规则的棒状结构。随着超声时间的增加,纳米纤维素的直径仍然为 10~20nm,但是其长度呈逐渐减小的趋势。当超声处理时间为 5min 时,离心纯化后纳米纤维素的得率仅为 10.9%,其长度为 100~250nm;当超声时间为 10min 时,纳米纤维素的得率增加为 20.6%;而当超声时间延长至 15min 时,所制备的纳米纤维素的长度约为 30~100nm,其得率为 25.2%。分析认为,超声处理 10min 为纳米纤维素得率迅速增加的时间点,结合 SEM 图片分析,当超声处理时间为 5min 时,体系中含有大量的外部细纤维化和接近纳米结构的纤维生成,当处理时间达到 10min 时,大量的细纤维化和纳米级别的纤维剥离,从而使得制备的得率提高了约一倍。另外,从图中还可以看出,延长超声处理时间能够提高纳米纤维素的均一程度。

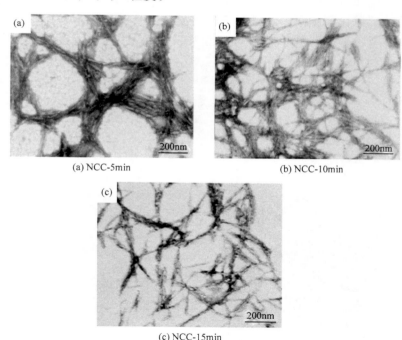

图 3-3 不同超声处理时间制备的纳米纤维素的 TEM 图

从以上结论可以看出,纳米纤维素的长度取决于超声时间的长短,而高强超声功率下对纳米纤维素长度影响不大。超声空化效应随着超声时间的增加,其与纤维表面接触的次数增加,其产生的强烈的高能量的微泡使得纤维的表面变得松弛,进而导致键的断裂,特别是在微晶纤维素结晶缺陷的地方,由于能量相对集中的键的断裂就更多[43]。因此在超声的作用下,微米级别的微晶纤维素逐渐地变成了纳米纤维素。

综上所述,通过调整超声处理的时间能够有效地控制制备纳米纤维素,不同的超声时间能够制备出长度不同的纳米纤维素晶体,这为其在后续的应用提供了条件。

3.1.5 纳米纤维素的结晶结构分析

1. 超声功率对纳米纤维素结晶度的影响

为了制备出长度可控,同时不影响其结晶度的纳米纤维素,实验对不同超声功率对纳米纤维素结晶度的影响进行了表征分析。图3-4(a)、(b)分别为微晶纤维素以不同超声功率处理5min和10min制备纳米纤维素的结晶度的X射线衍射图。从图中可以看出,无论是超声处理5min还是10min,所制备的纳米纤维素均表现出与微晶纤维素相同的纤维素Ⅰ型结晶结构。相同超声功率下,处理5min的纳米纤维素的结晶度相对较高,随着超声处理的时间的延长,结晶度呈逐渐降低的趋势。同时可以看出,相同超声处理时间,不同超声功率下制备的纳米纤维素的结晶度变化不大,因此考虑到超声效率和纳米纤维素的得率,选取超声功率为1500W作为制备纳米纤维素的超声功率条件。

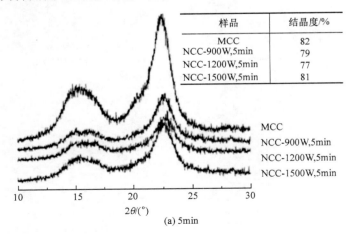

(a) 5min

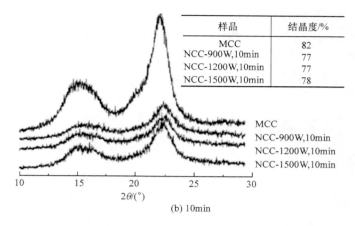

图 3-4　不同超声功率下制备的纳米纤维素的 XRD 图

2. 超声时间对纳米纤维素结晶度的影响

图 3-5 为微晶纤维素、纳米纤维素-5min、纳米纤维素-10min 和纳米纤维素-15min 的 X 射线衍射图。从图中可以看出,微晶纤维素和纳米纤维素具有相同的纤维素 I 型结晶结构。随着超声时间的增加,纳米纤维素的结晶度呈降低的趋势。结晶度由微晶纤维素的 82% 分别降低到纳米纤维素-5min 的 81%、纳米纤维素-10min 的 78% 和纳米纤维素-15min 的 73%。结晶度降低的原因是由于超声作用的无选择性。超声所产生的高能微泡不仅能够破坏微晶纤维素中的无定形区,同时还能够破坏微晶纤维素的结晶区结构。但由于微晶纤维素本身具有的相对较高的结晶度[44],在相对较短的时间内,能够制备出具有纳米结构的纤维素,同时还保留了相对较高的结晶结构。

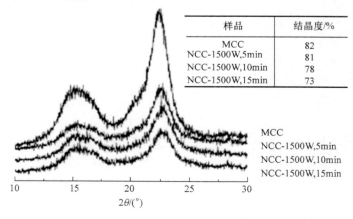

图 3-5　不同超声处理时间制备的纳米纤维素的 XRD 图

尽管纳米纤维素的结晶度最多降低了约9%,但与先前的研究中报道的69.7%[44]相比,其仍然保持了较高的结晶度。无定形区和结晶区的比例是制备纳米纤维素过程中的重要参数[2]。如何分离出完美的晶体要求考虑许多因素,如结晶度、得率和经济效益,因此,综合分析认为超声功率为1500W时处理10min为最佳的制备条件。

3.1.6 纳米纤维素的热稳定性分析

1. 超声功率对纳米纤维素热性能的影响

图3-6分别为不同超声功率处理5min和10min制备纳米纤维素的TG和DTG图。从图中可以看出,所有的样品在小于100℃时有一个较小的热失重过程,其对应的是样品中吸附水的蒸发。随着温度的升高,样品的降解行为发生了变化。MCC主要有一个降解过程,其主要的降解失重范围为260~410℃;不同超声功率下处理5min和10min所制备的纳米纤维素初始降解温度均向低温方向偏移;与MCC相比,纳米纤维素的热降解失重温度范围更宽,约为230~430℃,其原因是由于所制备的纳米纤维素纳米尺寸和表面羟基的含量增加导致其在较低的温度下就发生了热降解。从图3-6还可以看出,不同超声功率和超声时间下制备的纳米纤维素经热降解后的炭残渣量均高于MCC的炭残渣量。分析认为,超声功率对纳米纤维素样品的热稳定性影响不大,而炭残渣量增加的原因可能是由于纳米纤维素本身尺寸的减小及大量的自由端链的增加,导致纳米纤维素的末端链在较低的温度下发生了降解,从而更易于形成炭残渣[45]。

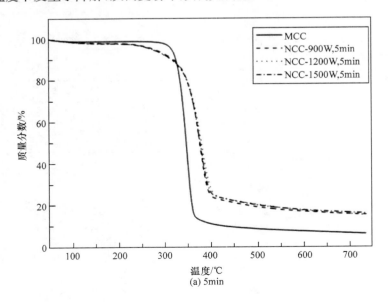

(a) 5min

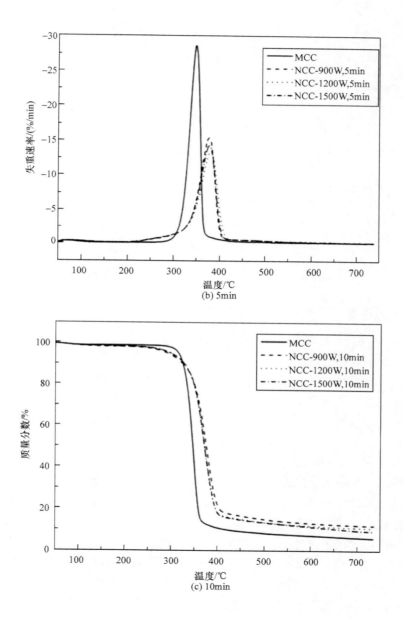

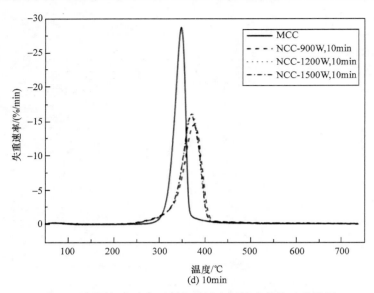

图 3-6　不同超声功率下制备的纳米纤维素的热重曲线图

2. 超声时间对纳米纤维素热性能的影响

图 3-7 是在超声功率为 1500W 的条件下,超声处理 5min、10min 和 15min 制备的纳米纤维素样品的 TG 和 DTG 图。由图可以看出,所有的样品在小于 100℃时有一个较小的热失重过程,其对应的是样品中吸附水的蒸发。随着温度的升高,样品的热降解行为发生了变化。图 3-7(b)显示 MCC 主要有一个降解过程,其主要的降解失重范围为 260～410℃;而所制备的纳米纤维素初始降解温度向低温方向偏移,与 MCC 相比,其降解失重温度范围为 220～420℃。其原因是由于所制备的纳米纤维素尺寸和表面羟基含量的增加。

由图 3-7(a)可知,微晶纤维素、纳米纤维素-5min、纳米纤维素-10min 和纳米纤维素-15min 的炭残渣量分别为 6.2%、16.1%、9.6%和 11.2%。纳米纤维素炭残渣量增加的原因可能是由于其本身尺寸的减小,以及大量的自由端链增加造成的。末端链在较低的温度下发生了降解,从而更易于形成炭残渣[46]。

纳米纤维素样品只有一个主要的降解过程,与通过酸水解法制备的纳米纤维素样品呈现的 2～3 个热降解过程相比,采用高强超声法制备的纳米纤维素的热性能更加稳定[46,47]。这种优良的热稳定性能够为纳米纤维素的应用提供拓展空间。例如,在某些热塑性复合材料的应用过程中,制备加工复合材料的温度往往超过 200℃[48]。这样在制备增强纳米复合材料的过程中,利用纳米纤维素作为增强剂既可以满足其在相对较高的温度环境中的应用,同时又能保证其作为增强剂的力学性能。

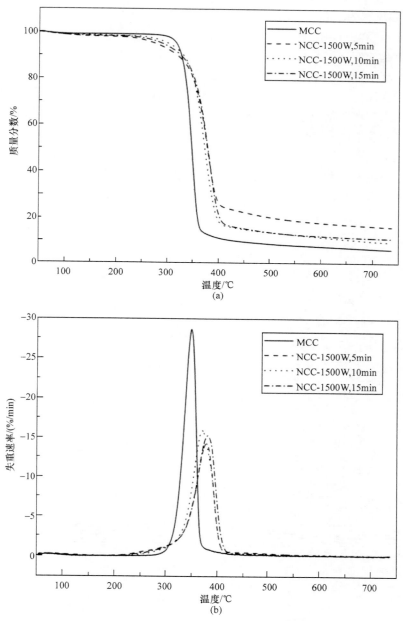

图 3-7　不同超声处理时间制备的 TG 曲线图

3.1.7　超声法制备纳米纤维素机理分析

高强超声作为一种新型物理制备方法,在纳米材料的制备过程中备受关注,对其制备机理的讨论也在不断地发展。本节在微晶纤维素-水这样的非均相体系中，通过高强超声制备出了具有纳米尺寸的高结晶度的纳米纤维素。高强超声在制备过程中所起的作用主要是超声的空化效应。空蚀过程中的泡沫逐渐扩大产生的潜在能量被转换成液体射流的动能，通过泡沫的内部移动，并以几百米每秒的速度穿透对面的泡沫壁，如图 3-8 所示。这些液体高能射流具有非常大的能量，在与纤维素表面碰撞过程中造成纤维表面的侵蚀破坏以及纤维间的内聚力的降低，从而产生新的纤维反应点和高活性的表面。在微晶纤维素和水的体系中，微晶纤维素的结晶区和无定形区同时受到了空化射流的强烈碰撞[25]。从机理图中可以看出，微晶纤维素的结晶区和无定形区同时经过这样的高强射流的碰撞后，微晶纤维素从表面开始一层一层的破碎，形成碎片颗粒从而降解成纳米纤维素。

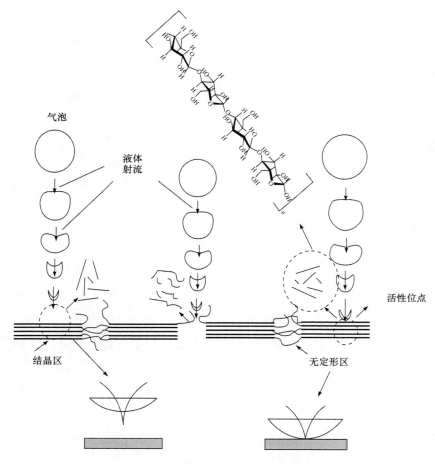

图 3-8　超声制备纳米纤维素机理图

3.1.8 聚乙烯醇复合材料形貌分析

聚乙烯醇/纳米纤维素的透光率在很大程度上取决于其在基质聚乙烯醇中的分散程度。图3-9(a)为分别添加了0、2%、4%、6%和8%纳米纤维素的聚乙烯醇/纳米纤维素照片。从图中可以看出,尽管添加了8%的纳米纤维素,仍然能够很清楚地看到复合材料背景上面的字母,表明其具有良好的光透明性。但随着纳米纤维素加入量的增加,可以看到聚乙烯醇复合材料的透光性逐渐降低,背景字母开始变暗。从TEM图中可以看出,这种变暗的原因是,当纳米纤维素的加入量增加到一定程度时,制备过程中超声的分散作用不足以使其在基质聚乙烯醇中纳米纤维素良好的分散,这样纳米纤维素之间由于氢键的作用,使得其单个的纳米纤维素晶体之间发生了团聚现象。这种现象的发生不仅降低透明增强薄膜的透光性,同时由于其团聚成束状的结构,也使得其失去了原本纳米纤维的增强效应,从而降低复合材料的强度(图3-9(b))。将加入量分别为0、2%、4%、8%和12%的纳米纤维素与聚乙烯醇的薄膜记为:PVA、PVA/NCC-2、PVA/NCC-4、PVA/NCC-8和PVA/NCC-12。

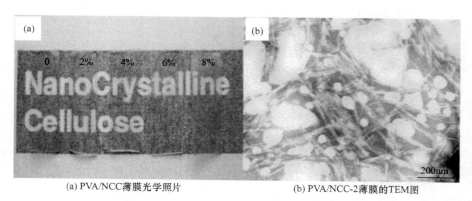

(a) PVA/NCC薄膜光学照片　　　　　　(b) PVA/NCC-2薄膜的TEM图

图3-9　聚乙烯醇和聚乙烯醇/纳米纤维素复合材料图

3.1.9 聚乙烯醇复合材料热稳定性分析

图3-10为不同添加量的纳米纤维素增强聚乙烯醇的热重曲线。从DTG图可以看出,纯聚乙烯醇热降解可以分为三段降解过程,分别为77.5~210℃、210~350℃和380~500℃。从纳米纤维素增强聚乙烯醇复合材料的第二段热降解过程中可以看出,不同纳米纤维素添加量聚乙烯醇/纳米纤维素增强的材料由纯聚乙烯醇的218.3℃分别增加为228.9℃(PVA/NCC-2)、226.5℃(PVA/NCC-4)、224.3℃(PVA/NCC-6)和219.7℃(PVA/NCC-8)。表明当加入纳米纤维素后,复合材料的热稳定性增加。从图3-10(a)中可以看出,复合材料的炭残渣含量稍微低

于纯聚乙烯醇。从表 3-1 可以看出,由于纳米纤维素的加入,在复合材料热降解的第一段过程中,其失重最大的降解温度低了大约 5~15℃,第二段失重最大降解温度变化不大,同时第三段失重的最大降解温度增加了 10~16℃。

综上所述,纳米纤维素的加入能够提高其所制备的增强复合薄膜的主要降解过程的初始降解温度。整体而言,纳米纤维素的加入对增强薄膜的热稳定性影响不大,这样就保证了纳米纤维素在不影响热稳定的前提下,能够在很大程度上提高薄膜材料的强度。

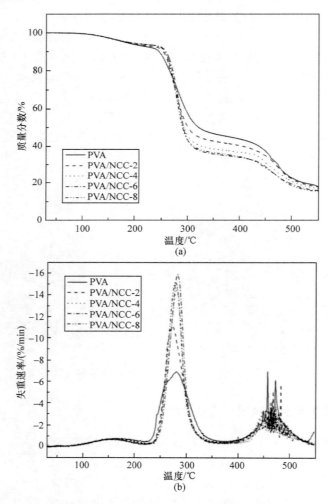

图 3-10 聚乙烯醇和聚乙烯醇/纳米纤维素的热重曲线图

表 3-1 聚乙烯醇和聚乙烯醇/纳米纤维素热降解过程的温度变化表

样品	第一阶段		第二阶段		第三阶段	
	起始温度/℃	最大失重温度/℃	起始温度/℃	最大失重温度/℃	起始温度/℃	最大失重温度/℃
PVA	77.5	166.2	218.3	281.5	380.6	458.0
PVA/NCC-2	73.7	160.3	228.9	273.3	372.6	468.9
PVA/NCC-4	72.7	149.5	226.5	282.2	379.6	471.0
PVA/NCC-6	73.2	161.8	224.3	283.8	368.5	472.8
PVA/NCC-8	72.6	158.9	219.7	278.5	370.2	474.1

3.1.10 聚乙烯醇复合材料力学性能分析

图 3-11 为以不同纳米纤维素添加量制备的聚乙烯醇复合薄膜材料的存储模量随着温度变化的曲线图。从纯聚乙烯醇的曲线图中可以看出，聚乙烯醇具有热塑性材料的特性。聚乙烯醇的玻璃态转变温度为 44℃，添加量为 0、2%、4%、6% 和 8% 的 PVA/NCC 复合材料的玻璃态转变温度分别为 44℃、59.2℃、64.5℃、59.1℃ 和 67.8℃。表明纳米纤维素的加入能够提高复合材料的玻璃态转化温度。当温度低于玻璃态温度时，复合材料的存储模量均大于 2.0GPa，但当温度高于玻璃态温度时，存储模量迅速下降。经过添加不同含量的纳米纤维素后，所制备的复合材料在各个温度下的存储模量都有了不同程度的增加。与纯聚乙烯醇相比，添加量为 4% 的复合材料的存储模量在 30℃ 和 100℃ 下分别是纯聚乙烯醇的 1.8 倍

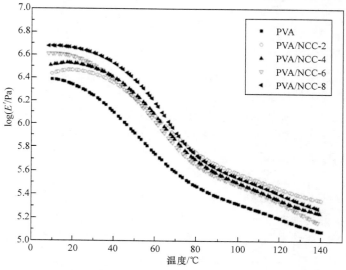

图 3-11 聚乙烯醇和聚乙烯醇/纳米纤维素的 DMA 曲线图

和1.5倍;添加量为8%复合材料的存储模量在30℃和100℃下分别是纯聚乙烯醇的2.4倍和1.7倍。表明适宜的纳米纤维素添加能够有效地增强聚合材料的力学性能。

3.1.11 小结

以微晶纤维素为原料,考察了无酸条件下采用高强超声法制备棒状纳米纤维素,所制备的纳米纤维素的直径为10~20nm,长度为20~250nm。随着超声功率的增加,纳米纤维素的长度变化不大。随着超声时间的增加,纳米纤维素的长度逐渐减小。随着超声时间的增加,纳米纤维素的结晶度呈降低的趋势,但超声功率对结晶度的影响变化不大。从制备的纳米纤维素的X射线衍射图来看,超声效应在制备的过程中无选择性,无定形区和结晶区的纤维结构都能够被除去。微晶纤维素和纳米纤维素均只有一个热降解峰,其炭残渣量要明显地高于微晶纤维素的炭残渣量。经过添加不同含量的纳米纤维素后,所制备的复合材料的光透过性逐渐降低,这是由于随着纳米纤维素添加量的增加,纳米纤维素未能够良好地分散于聚乙烯醇基质中,纳米纤维素颗粒之间团聚形成了束状结构从而降低了薄膜的透光性。由于纳米纤维素的加入,各个温度下的聚乙烯醇复合薄膜的存储模量都有了不同程度的增加。与纯聚乙烯醇相比,添加量为4%复合材料的存储模量在30℃和100℃下分别是纯聚乙烯醇的1.8倍和1.5倍;添加量为8%复合材料的存储模量在30℃和100℃下分别是纯聚乙烯醇的2.4倍和1.7倍。

3.2 超声法处理漂白阔叶浆制备纳米纤维素及增强聚乙烯醇

3.2.1 引言

长丝状的纳米纤维素的长度约为几百微米甚至到几毫米[49~51]。纳米纤维素能够在纳米复合材料中形成良好的网状结构,这样的纳米纤维在保证其具有足够的结晶度的前提下均能够表现出良好的增强效果。超声是利用其空化效应在非均质的液相体系中产生高能的射流,其所具有的高强能量瞬间与纤维表面所产生的物理作用引起纤维素表面如折叠、表皮剥离、细纤维化和表面侵蚀等一系列的作用,使得纤维内部的微纤丝之间的内聚力降低,从而分离出具有纳米结构的纤丝[52~56]。

Cheng等利用高强超声的作用从不同纤维原料中分离出具有微米和纳米结构混合的纤维素材料,而且部分的微纤丝仍然依附于原来毫米级的纤维上,而如何能够更好地分离出纯纳米结构的纤维素仍然是一个问题[57~62]。Chen等利用高强超声的方法从木材、麦秆、竹纤维中采用化学预处理的方法首先将原料中的木素提取出去,经过进一步的化学预处理,结合高强超声的方法制备出纳米纤维素,但所制备的纳米纤维素的结晶度仍然很低,这样就限制了其在高强纳米复合材料中的应用[63~67]。

对比以微晶纤维素原料制备纳米纤维素,本节采用漂白阔叶浆为原料,采用化学预处理的方法制备长丝状纳米纤维素。同时对制备的纳米纤维素的形貌、结晶结构和热行为进行分析,并将其应用于制备增强聚乙烯醇复合薄膜材料,还对其力学、光学以及热性能进行分析。

3.2.2 实验部分

1. 实验原料

实验用漂白阔叶浆(BHKP)为商业漂白硫酸盐法阔叶浆,其白度为92%ISO,加拿大标准游离度(CSF)为800mL;氢氧化钠、聚乙烯醇、硅油、硫酸铜、乙二胺(分析纯)。

2. 纳米纤维素的制备

取150mL的4%的氢氧化钠溶液加入到装有2.0g漂白阔叶浆样品的烧杯中,将漂白阔叶浆在温度为75℃下进行润胀处理2h得到(Al-CFs);将处理后的样品过滤,洗涤到中性备用。经过碱润胀预处理后,将所得到的Al-CFs配制成浓度约为0.2%的浆料溶液,并在这样的条件下使纤维润胀处理约5h。将约150mL的Al-CFs溶液采用高强超声处理的方法,在功率为1200W下处理30min。将所得的悬浮液通过以4000r/min的转数下离心去除较大的纤维束以获得较纯的纳米纤维素(NCC)。所有的超声处理均在冰水浴中进行。

3. 聚乙烯醇复合材料的制备

以漂白阔叶浆为原料在超声功率为1200W下处理30min制备的纳米纤维素作为增强剂,将制备的纳米纤维素浓缩为约0.35%的浓度,同时配置浓度为10%的聚乙烯醇溶液。将上述两种溶液混合搅拌均匀,然后在超声作用下除去混合溶液中的气泡。将制备好的混合液采用流延法平铺在直径为15cm的表面皿中,在室温下使其成膜,后将其置于温度为70℃下干燥4h,这样厚度约为0.1mm的薄膜就制备而成。不同纳米纤维素加入量的薄膜制备方法同上。

4. 材料表征

利用扫描电子显微镜(FEI QUANTA200)观察碱预处理以及超声处理后纤维形貌的变化;利用TG209-F3-Tarsus型热重分析仪对样品进行分析,热重分析温度范围为:25~600℃;利用D/max-r B型X射线衍射仪观察样品的结晶结构,扫描范围:$2\theta=10°\sim30°$,结晶度的计算方法参照2.2.3小节;利用RGT-20A型电子万能试验机对制备的复合薄膜进行拉伸强度和杨氏模量等常规力学性能分析;复合薄膜的透光性在紫外-可见光仪上进行测定。不同处理阶段的样品的α-纤维素和半纤维素以及聚合度的测定方法参照2.2.3小节。

3.2.3 纤维素的化学组成与形貌分析

采用漂白阔叶浆作为原料制备纳米纤维素可以不考虑去除木素的过程就能够得到高纤维素含量的原料。但为了更好地进行超声处理,NaOH润胀过程必不可少,仍然采用4%的NaOH溶液对漂白阔叶浆进行处理。表3-2为漂白阔叶浆经过各种处理后的化学组分。从表中可以看出,漂白阔叶浆原浆的α-纤维素和半纤维素含量分别为65.4%和32.8%。经过NaOH处理后,α-纤维素增加到87.2%,半纤维素含量为12.6%,表明通过碱处理后,大部分的半纤维素溶出,从而得到了纤维素含量较高的纯化纤维素。同时纤维的聚合度从漂白阔叶浆的721降低到纳米纤维素的626,说明经过高强超声的处理,部分纤维素发生了降解,但仍然保持了较高的聚合度。

表3-2 漂白阔叶浆、碱处理纤维素和纳米纤维素的化学组成和聚合度

样品	α-纤维素/%	半纤维素/%	聚合度
漂白阔叶浆	65.4±1.3	32.8±0.5	721±12
碱处理纤维素	87.2±2.1	12.6±0.6	705±8
纳米纤维素	91.4±1.7	8.6±0.3	626±7

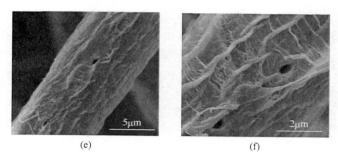

图 3-12 漂白阔叶浆和碱处理纤维素表面形貌变化的 SEM 图

同样纤维的结构也随着其组分含量的变化而变化。如图 3-12(a)、(b)所示，漂白阔叶浆原浆表面变得相对光滑，未发生任何的包括纤维细胞壁剥离和细纤维化的变化。当其经过 NaOH 处理后(图 3-12(c)、(d)、(e)和(f))，可以看出纤维表面变得粗糙，同时可以清楚地看到纤维局部出现了细纤维。这就表明，漂白阔叶浆中微纤维间的结合力降低，同时这样碱处理所形成的纤维表面，纤维内部的结构以及形貌的变化为后续的高强超声分离提供了基础。

3.2.4 纳米纤维素的形貌分析

以漂白阔叶浆为原料制备的纳米纤维素气凝胶如图 3-13 所示，由一个长丝状的、缠绕的和高长径比的纳米纤维素网状结构制备而成。低倍的 SEM 显示，单根纳米纤维素的长度均大于 $100\mu m$，是采用酸水解法制备的纳米纤维素的 300~500 倍。同时可以看出，所制备的纳米纤维素直径分布较均匀。冷干后的气凝胶样品具有非常柔软、易于弯曲且单位体积下的质量极轻等特点，这为其在制备一些轻质的增强材料以及作为一种生物可降解的纳米模板材料提供了应用空间。

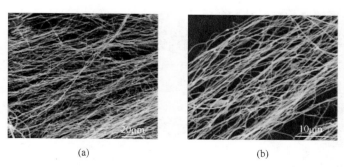

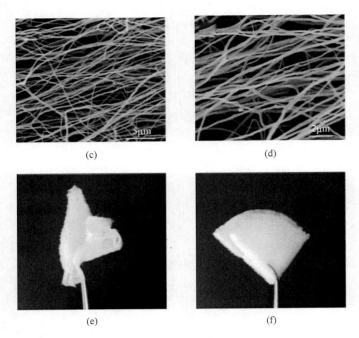

图 3-13 纳米纤维素的 SEM 图((a)、(b))、光学照片((c)、(d))和纳米纤维素气凝胶((e)、(f))

此外,如表 3-2 所示,纳米纤维素的聚合度为 626,与漂白阔叶浆相比仅仅降低了约 13.2%,表明尽管原材料经过碱润胀预处理和高强超声处理,大部分长链的多糖结构仍然保留了下来。与通过酸水解制备的纳米纤维素相比,其最终的聚合度相对较高。因此,这样的一种具有高聚合度的长丝状的网状纳米纤维素成为制备增强膜复合材料的优良的增强剂。

3.2.5 纳米纤维素的结晶结构分析

图 3-14 为样品的漂白阔叶浆、碱处理纤维素和纳米纤维素的 X 射线衍射图以及结晶度。所有的样品在 2θ 为 16.5°和 22.5°处有明显的衍射峰,表明样品具有典型的纤维素 I 型结构[53]。

漂白阔叶浆初始结晶度为 77.27%,经过 NaOH 处理后的纤维素的结晶度增加到 79.02%,这是由于部分存在于无定形区的半纤维素被去除掉。当 Al-CFs 经过超声处理过后,纳米纤维素的结晶度下降到 78.33%。从纳米纤维素的 X 射线衍射图可以看出,无定形区和结晶区的衍射峰强度均降低,这表明超声处理既能够去除无定形区,同时其对结晶区部位有部分破坏的作用。而结晶度之所以降低,是因为结晶区被破坏的比例高于无定形区被去除的比例[57,59],但即使部分的结晶区被破坏,所制备的纳米纤维素仍然具有较高的结晶度。

综上所述,制备出具有高纤维素含量、高聚合度以及高结晶度的长丝状的纳米纤维素,不仅要考虑纤维素最初的原料,整个制备过程包括预处理以及超声处理的条件也是至关重要的。

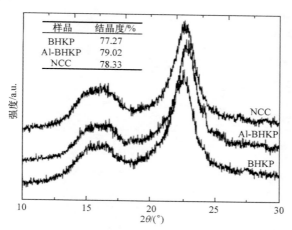

图 3-14 漂白阔叶浆、碱处理纤维素和纳米纤维素的 X 射线衍射图

3.2.6 纳米纤维素的热稳定性分析

图 3-15 为漂白阔叶浆、碱处理漂白阔叶浆和纳米纤维素的热重曲线。所有的样品在低于 105℃处有一个较小的失重,这是由于纤维中吸附水的蒸发造成的。漂白阔叶浆的初始降解温度为 274.3℃,经过 NaOH 处理后,纤维中的大部分半纤维素被去除,Al-CFs 的初始降解温度增加到了 281.2℃,表明部分半纤维素的去除能够提高纤维素的热稳定性。经过超声处理后,纳米纤维素的初始降解温度为 280.1℃,与 Al-CFs 相比又向较低的温度偏移了一些,这主要是由于经过超声处理后,所制备纳米纤维素的纳米结构和其表面的羟基数量增加。纳米纤维素优良的热稳定性能够使其在较高的环境温度下仍然具有良好的增强效果,同时纳米纤维素轻质的特点为其在增强热塑性的轻型纳米复合材料中的应用提供了基础[68]。

3.2.7 聚乙烯醇复合材料形貌分析

图 3-16(a)为分别添加了 0、2%、4%、8% 和 12% 纳米纤维素的聚乙烯醇复合薄膜的照片。从图中可以看出,尽管添加了 12% 的纳米纤维素,仍然能够很清楚地看到复合材料背景上面的字母,表明其具有良好的光透明性。但随着纳米纤维素加入量的增加,可以看到聚乙烯醇复合材料的透光性逐渐下降。表明随着纳米

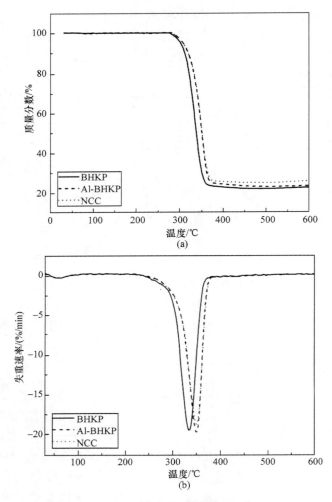

图 3-15　漂白阔叶浆、碱处理漂白阔叶浆和纳米纤维素的热重曲线图

纤维素添加量的增加,具有纳米结构的纳米纤维素在基质中的分散性逐渐降低,由于纳米纤维素间氢键的作用,在加入较高浓度的纳米纤维素后,纳米纤维间发生了团聚现象,多根纳米纤维团聚形成了较大的束状纤维。这样的现象不仅降低了薄膜材料的透光性,同时由于纳米纤维素的团聚,其纳米增强效应降低,从而降低了纳米纤维素的增强效果。图 3-16(b)是纳米纤维素加入量为 4% 复合材料的 SEM 照片,可以看出聚乙烯醇复合薄膜材料的表面较为光滑。同时从图 3-16(c)复合薄膜材料通过冷冻淬断后对断裂面的观察中可以看到,纳米纤维素作为增强剂均匀地分布在复合材料基质中。

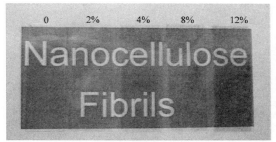

(a) 透光性光学照片

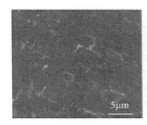

(b) SEM 图片

(c) SEM 图片

图 3-16 纳米纤维素增强聚乙烯醇复合材料

3.2.8 聚乙烯醇复合材料热稳定性分析

图 3-17 为不同添加量的纳米纤维素增强聚乙烯醇的热重曲线。由 DTG 图可以看出，纯聚乙烯醇和纳米纤维素增强聚乙烯醇复合材料的热降解均可以分为三段降解过程。从第二段降解过程中可以看出（图 3-17(b)），纯聚乙烯醇的初始降解温度为 202.4℃，添加了纳米纤维素的复合材料的二段初始降解温度均向高温方向偏移了 5～20℃，表明当加入纳米纤维素后，能够提高其所制备的增强复合薄膜的主要热降解过程的初始降解温度。整体而言，纳米纤维素的加入对增强薄膜的热稳定性影响不大，这样就保证了纳米纤维素在不影响热稳定的前提下，能够提高薄膜材料的强度，从而扩展薄膜材料的用途。

3.2.9 聚乙烯醇复合材料力学性能分析

图 3-18 和图 3-19 为以不同纳米纤维素添加量制备的聚乙烯醇复合材料的拉伸强度和杨氏模量的变化曲线图。随着纳米纤维素含量的增加，复合材料的拉伸强度和杨氏模量呈先增加后降低的趋势。当纳米纤维素添加量为 4% 时，其拉伸强度从纯聚乙烯醇的 18.6MPa 增加到 34.7MPa；同时纯聚乙烯醇的杨氏模量由 60.3MPa 增加到 98.2MPa。但随着纳米纤维素加入量的增加，无论是拉伸强度还是杨氏模量都呈现下降的趋势。特别是拉伸模量下降的幅度较大，当加入量为

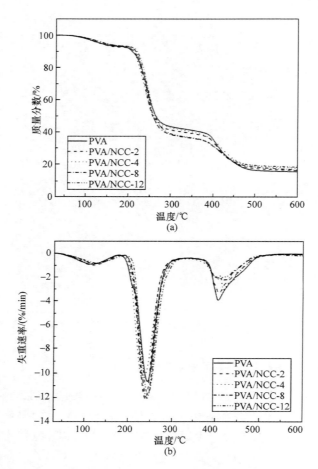

图 3-17 聚乙烯醇及复合材料的热重曲线图

12%时,拉伸模量下降到26.1MPa。其原因可能是,随着纳米纤维素加入量的增加,首先从复合材料的表观来看,聚乙烯醇复合材料明显地变脆;同时可能是由于纳米纤维素的增加,使得其在聚乙烯醇基质中的分散性不好,局部由于纳米纤维的团聚造成应力集中,从而在检测过程中过早地断裂。

综上所述,纳米纤维素的添加量为4%时,聚乙烯醇增强薄膜材料表现出最佳的拉伸强度和杨氏模量。

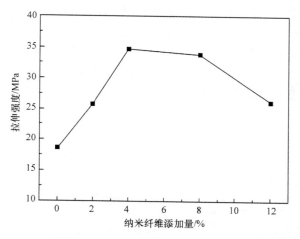

图 3-18 不同纳米纤维素添加量增强聚乙烯醇拉伸强度曲线图

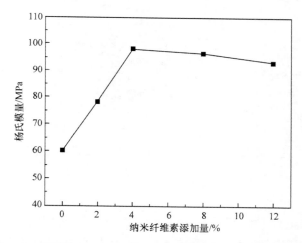

图 3-19 不同纳米纤维素添加量增强聚乙烯醇杨氏模量曲线图

3.2.10 聚乙烯醇复合材料光学性能分析

图 3-20 为以不同纳米纤维素添加量制备的聚乙烯醇复合材料光透过性的变化曲线图。随着纳米纤维素含量的增加，复合材料光透过性逐渐降低。当纳米纤维素添加量为 8% 时，其透光性由原来的 92% 急剧下降到 50%。这是由于纳米纤维素在加入量逐渐增加的过程中，由于制备过程中分散效果不好，导致纳米纤维素在复合材料中由纳米级别的纤丝团聚成微米甚至是毫米的束状纤维，从而影响了光透过性。图 3-20 中的插图为纳米纤维素添加量为 4% 的复合材料的光透性照片，从照片中可以清楚地看到背景中绿叶的形貌，表现出良好的光透效果。结合光

透过率的数据,当加入量为4%时,光透能达到75%左右。

综上所述,同时结合拉伸强度的结果,分析认为,当纳米纤维素添加量为4%时,其拉伸强度和杨氏模量较纯聚乙烯醇分别增加了1.87倍和1.63倍。因此,当纳米纤维素的加入量为4%时,不仅能够保证复合材料的透光性,还能够表现出最高的增强效果,这为其在高性能的增强光透明的复合材料领域中的应用提供了基础。

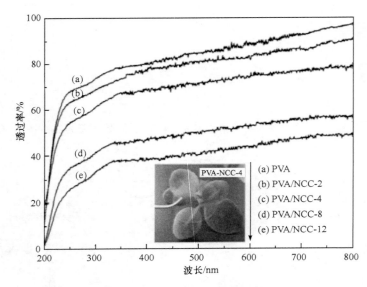

图 3-20 不同纳米纤维素添加量增强聚乙烯醇光透性曲线图

3.2.11 小结

以漂白阔叶浆为原料,采用适当的化学预处理,通过高强超声法制备出长丝状的纳米纤维素。漂白阔叶浆经过碱处理后,其热稳定性和结晶度也得到了提高。但经过超声处理后,其结晶度略有下降,表明结晶度遭到破坏的比例相对较多。利用所制备的纳米纤维素成功地制备了增强透明的聚乙烯醇复合材料,当纳米纤维素添加量为4%时,其拉伸强度和杨氏模量较纯聚乙烯醇分别增加了1.9倍和1.6倍,同时还能够保证复合材料的透光性。

3.3 超声法处理热磨机械浆制备纳米纤维素及增强聚乙烯醇

3.3.1 引言

长丝状的纳米纤维素在制备增强薄膜复合材料过程中起到了良好的增强作

用[69~74]。不用的原料如微晶纤维素、漂白阔叶浆、漂白针叶浆均能够制备出长丝状的纳米纤维素。化学热磨机械浆(CTMP)通常采用的原料木片为针叶材。制浆流程一般先采用亚硫酸钠或烧碱浸渍木片,然后通蒸汽加热木片,经过磨浆、筛选、漂白、洗涤等一系列的程序制备出化学热磨机械浆。其在制备的过程中经历了热状态下的盘磨机磨解作用,使得纤维的表皮剥落、侵蚀、扭结松动等变化,为后续的化学预处理和超声处理提供了条件[74~81]。

超声是利用其空化效应在非均质的液相体系中产生高能的射流,其所具有的高强能量瞬间与纤维表面所产生的物理作用引起纤维素表面产生如折叠、表皮剥离、细纤维化和表面侵蚀等一系列的作用,使得纤维内部的微纤丝之间的内聚力降低,从而分离出具有纳米结构的纤丝[81~90]。

对比以微晶纤维素和漂白阔叶浆为原料制备纳米纤维素,本节采用化学热磨机械浆为原料采用化学预处理的方法制备长丝状纳米纤维素。同时对制备的纳米纤维素的形貌、结晶结构和热行为进行分析,并将其应用于制备增强聚乙烯醇复合薄膜材料,同时对其力学、光学以及热性能进行分析。

3.3.2 实验部分

1. 实验原料

实验用化学热磨机械浆(CTMP)为商业化学热磨机械浆,其白度为60%ISO;氢氧化钠、聚乙烯醇、硅油、硫酸铜、乙二胺(分析纯)。

2. 纳米纤维素的制备

取 2.0g 热磨机械浆浆料加入酸化的亚氯酸钠溶液,在 75℃下除去机械浆中多余的木素,这样的程序重复两次,最终得到综纤维素(Ho-CFs);然后将所得到的综纤维素经过4%的氢氧化钠溶液进行润胀处理2h得到Al-CFs;处理后的样品过滤,洗涤到中性备用。经过化学预处理后,将所得到的 Al-CFs 配制成浓度约为 0.2% 的浆料溶液,并在这样的条件下让纤维润胀处理约5h。将约150mL 的 Al-CFs 溶液采用高强超声处理的方法,在功率为 1200W 下处理 30min。将所得的悬浮液采用离心的方法除去较大的纤维束以获得较纯的纳米纤维素(NCC)。所有的超声处理均在冰水浴中进行。

3. 聚乙烯醇复合材料的制备

以化学热磨机械浆为原料在超声功率为1200W下处理30min制备的纳米纤维素作为增强剂,将制备的纳米纤维素浓缩为约 0.35% 的浓度,同时配置浓度为10%的聚乙烯醇溶液。将上述两种溶液混合搅拌均匀,然后在超声作用下除去混合溶液中的气泡。将制备好的混合液采用流延法平铺在直径为 15cm 的表面皿中,在室温下使其成膜,后将其置于温度为 70℃下干燥 4h,这样厚度约为 0.1mm 的薄膜就制备而成了。不同纳米纤维素的加入量的薄膜制备方法同上。将加入量分别为 0、2%、4%、8%和 12%的纳米纤维素与聚乙烯醇的薄膜记为:PVA、PVA/NCC-2、PVA/NCC-4、PVA/NCC-6、PVA/NCC-8、PVA/NCC-10 和 PVA/NCC-14。

4. 材料表征

利用扫描电子显微镜(FEI QUANTA200)观察碱预处理以及超声处理后纤维形貌的变化;利用 TG209-F3-Tarsus 型热重分析仪对样品进行分析,热重分析温度范围为:25～600℃;利用 D/max-r B 型 X 射线衍射仪观察样品的结晶结构,扫描范围:$2\theta=10°\sim30°$;利用 RGT-20A 型电子万能试验机对制备的复合薄膜进行拉伸强度和杨氏模量等常规力学性能分析。

3.3.3 纤维素化学组成与形貌分析

表 3-3 为化学热磨机械浆经化学预处理后化学组分变化,机械浆经酸性 $NaClO_2$ 处理后木素含量由原料的 21.3%降为 2.4%,α-纤维素和半纤维素分别由原料的 56.8%、18.6%增加到 69.4%、25.4%。经 NaOH 处理后,α-纤维素含量增加至 84.3%。同样纤维的结构也随着其组分含量的变化而变化。化学热磨机械浆特殊的制浆方法中,木片经过碱浸渍和机械磨解使得纤维表面发生了变化。从图 3-21(a)中可以看出,细纤维素之间的结合变弱,同时纤维素表面的 S1 层发生剥落的现象,这为后续的去除木质素和半纤维素的处理提供了条件,可以减少药剂的用量和处理次数。经酸性 $NaClO_2$ 处理后的纤维表面出现了许多褶皱(图 3-21(c)、(d)),表面原料中的大量的木素被去除。经过 NaOH 处理后(图 3-21(e)、(f)),可以看到纤维素的表面变得粗糙,同时可以清楚地看到纤维局部出现了细纤维。这就表明,CTMP 中微纤维间的结合力降低,同时这样碱处理所形成的纤维表面、纤维内部的结构以及形貌的变化为后续的高强超声分离提供了基础。

从图 3-21(g)、(h)中可以看出,所制备的纳米纤维素具有长丝状、缠绕和高长径比。单根的纳米纤维长约 100～300μm,甚至更长,是采用酸水解法制备的纳米纤维素的 300～500 倍。同时可以看出,70%左右的纳米纤维素的直径为 50～120nm。

表 3-3 化学热磨机械浆、综纤维素、碱处理纤维素和纳米纤维素的化学组成和聚合度

样品	α-纤维素/%	半纤维素/%	木质素/%	酸溶木素/%	聚合度
化学热磨机械浆	56.8±1.4	18.6±0.8	21.3±1.5	2.8±0.2	1535±14
综纤维素	69.4±1.7	25.4±1.3	2.4±0.1	—	1210±12
碱处理纤维素	84.3±2.5	13.2±0.5	—	—	1016±10
纳米纤维素	86.5±2.2	11.6±0.3	—	—	865±8

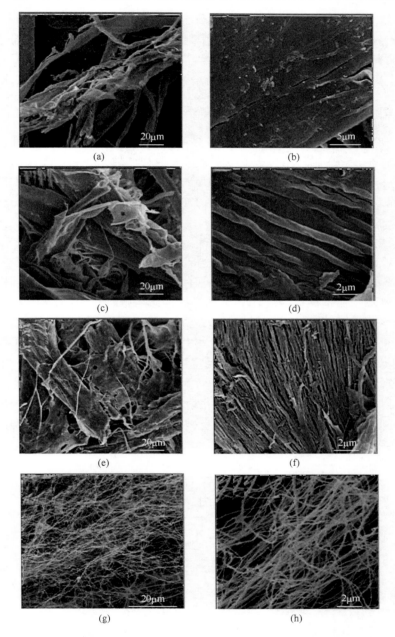

图 3-21　化学热磨机械浆((a)、(b)),综纤维素((c)、(d)),碱处理纤维素((e)、(f))和纳米纤维素((g)、(h))的 SEM 图

此外,如表 3-3 所示,纳米纤维素的聚合度为 865,表明尽管原材料经过碱润胀预处理和高强超声处理,大部分长链的多糖结构仍然保留了下来。与通过酸水解制备的纳米纤维素相比,其最终的聚合度相对较高。因此,这样的一种具有高聚合度的长丝状的网状纳米纤维素成为制备增强膜复合材料优良的增强剂[91~96]。

3.3.4 纳米纤维素的表面官能团和结晶结构分析

图 3-22(a)为化学热磨机械浆、综纤维素、碱处理纤维素和纳米纤维素的红外图谱。1508cm^{-1} 和 1452cm^{-1} 分别为机械浆中芳香环的 C=C 伸缩振动和木素的 C—H 的变形振动。经过亚氯酸钠处理后,上述峰位几乎消失,表明绝大部分的木素被去除。经过 NaOH 处理后,峰位在 1508cm^{-1}、1452cm^{-1} 的特征峰完全消失,表明残余的木素完全除去,同时部分半纤维素也被除去[96~99]。

为了更好地判断机械浆在经过脱木素、碱润胀以及超声处理后纤维的晶型结构的变化,对上述样品进行了 X 射线衍射分析。图 3-22(b)为样品化学热磨机械浆、综纤维素、碱处理纤维素和纳米纤维素的 X 射线衍射图以及结晶度。所有的样品在 2θ 为 16.5°和 22.5°处有明显的衍射峰,表明样品具有典型的纤维素I结构。

化学热磨机械浆初始的结晶度为 61.5%。经过亚氯酸钠处理后,其结晶度增加到 68.9%,其原因是由于过程中木素的去除。经过 NaOH 处理的纤维素的结晶度增加到 72%,这是由于部分存在于无定形区的半纤维素被去除掉。当 Al-CFs 经过超声处理过后,纳米纤维素的结晶度增加到 72.9%。从纳米纤维素的 X 射线衍射图可以看出,无定形区和结晶区的衍射峰强度均降低,这表明超声处理既能够去除无定形区,同时其对结晶区部位也有破坏的作用。而结晶度之所以升高,是因为结晶区被破坏的比例和速度远远低于无定形区[100~106]。

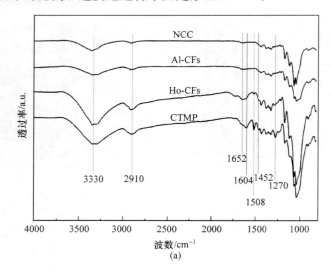

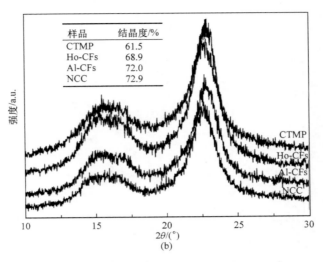

图 3-22　化学热磨机械浆、综纤维素、碱处理纤维素和
纳米纤维素(a)红外光谱和(b)X 射线衍射图

超声在非均质体系中对反应物的作用主要为其空化效应所产生的化学和物理的作用。在纤维和水的体系中,纤维素的无定形区和结晶区同时遭到了空化泡的高速撞击。分析认为,在撞击的过程当中,强烈的物理作用能够使得微纤之间的氢键断裂从而分离出纳米纤维素。高结晶度的纳米纤维素能够更有效地提高其在纳米材料中的增强作用[107~111]。

3.3.5　纳米纤维素的热稳定性分析

图 3-23 为化学热磨机械浆、综纤维素、碱处理纤维素和纳米纤维素的热重曲线。由图可见,所有的样品在低于110℃处有一个较小的失重,这是由于纤维中吸附水的蒸发。从图中还可以看出,化学热磨机械浆的初始降解温度为 201.1℃,而且其最大的热降解温度为 308.2℃,对应的是纤维素的降解。经过亚氯酸钠处理后,制备的综纤维素的初始降解温度和最大失重温度增加到 208.4℃和 338.1℃。这主要是由于木素在这一过程中被去除,从而提高了纤维的热稳定性。经过 NaOH 处理后,纤维中的大部分半纤维素被去除,纤维素的初始降解温度增加到了 342.9℃,表明去除部分的半纤维素同样能够提高纤维素的热稳定性。经过超声处理后,纳米纤维素的初始降解温度为 355.4℃。纳米纤维素这样优良的热稳定性为其在增强热塑性材料中的应用提供了基础[111~114]。

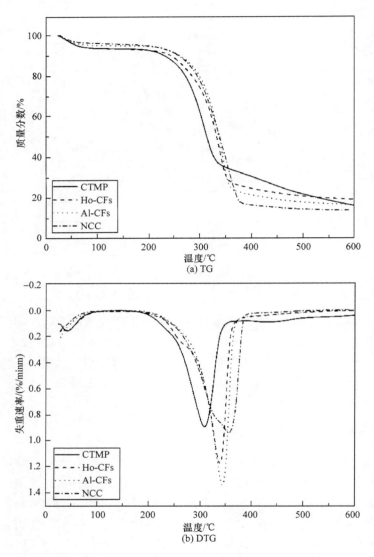

图 3-23 化学热磨机械浆、综纤维素、碱处理纤维素
和纳米纤维素的 TG 和 DTG 曲线图

3.3.6 聚乙烯醇复合材料的形貌分析

图 3-24(a)为分别添加了 0、2%、6%、10%和 14%纳米纤维素的聚乙烯醇/纳米纤维素照片。从图中可以看出,尽管添加了 14%的纳米纤维素,仍然能够很清楚地看到复合材料背景上面的字母,表明其具有良好的光透明性。但随着纳米纤

维素加入量的增加,可以看到聚乙烯醇复合材料的透光性逐渐下降。表明随着纳米纤维素添加量的增加,具有纳米结构的纳米纤维素在基质中的分散性逐渐降低。由于纳米纤维素间氢键的作用,在加入较高浓度的纳米纤维素后,纳米纤维间发生了团聚现象,多根纳米纤维团聚形成了较大的束状纤维。这样的现象不仅降低了薄膜材料的透光性,同时由于纳米纤维素的团聚,其纳米增强效应降低,从而降低了纳米纤维素的增强效果。图 3-24(b)是纳米纤维素加入量为 6% 的复合材料的 SEM 照片,可以看出复合材料表面较为光滑。同时从图 3-24(c)复合薄膜材料通过冷冻淬断后对断裂面的观察中可以看到,纳米纤维素作为增强剂均匀地分布在复合材料基质中。

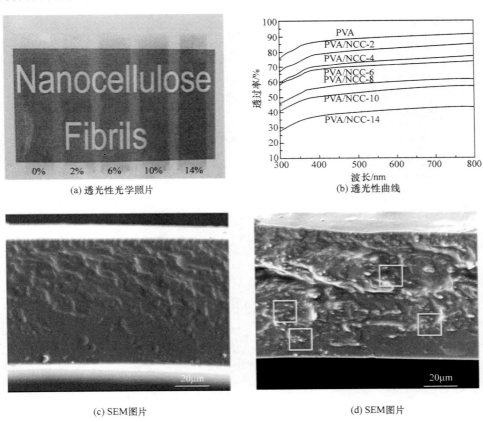

图 3-24 纳米纤维素增强聚乙烯醇复合材料

3.3.7 聚乙烯醇复合材料的热稳定性分析

图 3-25 为聚乙烯醇和不同添加量纳米纤维素增强聚乙烯醇复合材料的热重

曲线。由 DTG 曲线可知，聚乙烯醇的降解分为三个阶段，分别是 50～181.7℃、181.7～342.7℃和 342.7～500℃。热重分析可知，添加了纳米纤维素的聚乙烯醇复合材料的热稳定性均得以提高。表明纳米纤维素的加入不仅能够提高聚乙烯醇复合材料的力学性能，同时还提高了热稳定性[114~116]。

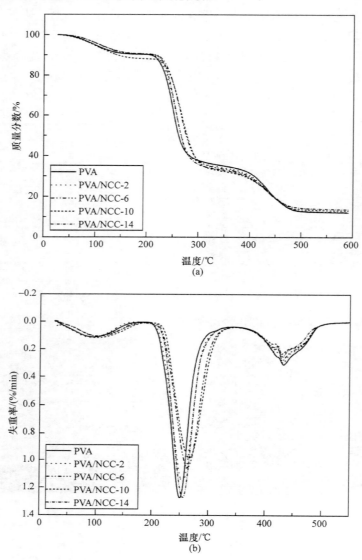

图 3-25　纳米纤维素增强聚乙烯醇复合材料的热重曲线

3.3.8 聚乙烯醇复合材料的力学性能分析

图 3-26 为以不同纳米纤维素添加量制备的聚乙烯醇复合材料的拉伸强度和杨氏模量的变化曲线图。随着纳米纤维素含量的增加,复合材料的拉伸强度和杨氏模量呈先增加后降低的趋势。当纳米纤维素添加量为 6% 时,其拉伸强度和杨氏模量分别是纯聚乙烯醇的 2.8 倍和 2.4 倍。但随着纳米纤维素加入量的增加,无论是拉伸强度还是杨氏模量都呈现下降的趋势。特别是拉伸模量下降的幅度较大,原因可能是,随着纳米纤维素加入量的增加,首先从复合材料的表观来看,聚乙烯醇复合材料明显地变脆;同时可能是由于纳米纤维素的增加,使得其在聚乙烯醇基质中的分散性不好,造成局部由于纳米纤维的团聚造成的应力集中,从而在检测过程中过早地断裂[114~121]。

综上所述,纳米纤维素的添加量为 6% 时,聚乙烯醇增强薄膜材料表现出最佳的拉伸强度和杨氏模量。

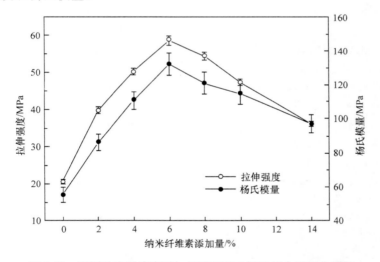

图 3-26　不同纳米纤维素添加量增强聚乙烯醇复合材料曲线图

3.3.9 小结

以化学热磨机械浆为原料采用化学预处理结合高强超声法制备出长丝状纳米纤维素。所制备的纳米纤维素直径为 $50\sim120\text{nm}$,长度约 $500\mu\text{m}$。机械浆经过除木素和碱处理过程,其结晶度和热稳定性得到了提高。经过超声处理所制备的纳米纤维素的结晶度仍然有一定的升高,证明在处理过程中,无定形区去除的比例更高。将纳米纤维素作为增强剂制备出光透明的聚乙烯醇复合膜材料,当纳米纤维素添加量为 6% 时,拉伸强度和杨氏模量分别是纯聚乙烯醇的 2.8 倍和 2.4 倍。

参 考 文 献

[1] Habibi Y,Lucia L A,Rojas O J. Cellulose nanocrystals:chemistry,self-assembly,and applications. Chemical Reviews,2010,110:3479-3500
[2] Lima M M D S,Borsali R. Rodlike cellulose microcrystals:structure,properties and applications. Macromolecular Rapid Communications,2004,25:771-787
[3] Fleming K,Gray D G,Matthews S. Cellulose crystallites. Chemistry - A European Journal,2001,7:1831-1835
[4] Iwamoto S,Nakagaito A N,Yano H,et al. Optically transparent composites reinforced with plant fiber-based nanofibers. Applied Physics A,2005,81:1109-1112
[5] Ruiz M M,Cavaille J Y,Dufresne A,et al. New waterborne epoxy coatings based on cellulose nanofillers. Macromolecular Symposia,2001,169:211-222
[6] Bhatnagar A,Sain M J. Processing of cellulose nanofiber-reinforced composites. Reinforced Plastics Composites,2005,24:1259-1268
[7] Revol J F,Bradford H,Giasson J,et al. Helicoidal self-ordering of cellulose microfibrils in aqueous suspension. International Journal of Biological Macromolecules,1992,14:170-172.
[8] Dong X M,Revol J F,Gray D G. Effect of microcrystallite preparation conditions on the formation of colloid crystals of cellulose. Cellulose,1998,5:19-32
[9] Moran J I,Alvarez V A,Cyras V P,et al. Extraction of cellulose and preparation of nanocellulose from sisal fibers. Cellulose,2008,15:149-159
[10] Araki J,Kuga S. Effect of trace electrolyte on liquid crystal type of cellulose microcrystals. Langmuir,2001,17:4493-4496
[11] Roman M,Winter W T. Effect of sulfate groups from sulfuric acid hydrolysis on the thermal degradation behavior of bacterial cellulose. Biomacromolecules,2004,5:1671-1677
[12] Helbert W,Cavaille J Y,Dufresne A. Thermo plastic nanocomposites filled with wheat straw cellulose whiskers. part I:processing and mechanical behavior. Polymer Composites,1993,17:604-611
[13] Araki J,Wada M,Kuga S,et al. Influence of surface charge on viscosity behavior of cellulose microcrystal suspension. Journal of Wood Science,1999,45:258-261
[14] Beck-Candanedo S,Roman M,Gray D G. Effect of reaction conditions on the properties and behavior of wood cellulose nanocrystal suspensions. Biomacromolecules,2005,6:1048-1054
[15] Favier V,Chanzy H,Cavaille J Y. Polymer nanocomposites reinforced by cellulose whiskers. Macromolecules,1995,28:6365-6367
[16] Bondeson D,Mathew A,Oksman K. Optimization of the isolation of nanocrystals from microcrystalline cellulose by acid hydrolysis. Cellulose,2006,13:171-180
[17] Wang S Q,Cheng Q Z. A novel process to isolate fibrils from cellulose fibers by high-intensity ultrasonication,part 1:process optimization. Journal of Applied Polymer Science,2009,113:1270-1275

[18] Nakagaito A N, Yano H. The effect of morphological changes from pulp fiber towards nano-scale fibrillated cellulose on the mechanical properties of high strength plant fiber based composites. Applied Physics A: Materials Science & Processing,2004,78:547-552

[19] Chakraborty A,Sain M,Kortschot M. Cellulose microfibrils: A novel method of preparation using high shear refining and cryocrushing. Holzforschung,2005,59:102-107

[20] Bruce D M,Hobson R N,Farrent J W,et al. High performance composites from low-cost plant primary cell walls. Composites Part A: Applied Science and Manufacturing,2005,36: 1486-1493

[21] Stenstad P,Andresen M,Tanem B S,et al. Chemical surface modification of microfibrillated cellulose. Cellulose,2008,15:35-45

[22] Leitner J, Hinterstoisser B W, Keches M, et al. Sugar beet cellulose nanofibril-reinforced composites. Cellulose,2007,14:419-425

[23] Alemdar A,Sain M. Isolation and characterization of nanofibers from agricultural residues-Wheat straw and soy hulls. Bioresource Technology,2008,99:1664-1671

[24] Wang B,Sain M. Dispersion of soybean stock-based nanofiber in a plastic matrix. Polymer International,2007,56:538-546

[25] Chen W S,Yu H P,Liu Y X,et al. Individualization of cellulose nanofibers from wood using high-intensity ultrasonication combined with chemical pretreatments. Carbohydrate Polymers,2011,83:1804-1811

[26] Cheng Q Z,Wang S Q,Han Q Y. Novel process for isolating fibrils from cellulose fibers by high-intensity ultrasonication. II. fibril characterization. Journal of Applied Polymer Science,2010,115:2756-2762

[27] Cheng Q Z,Wang S Q,Rials T G. Poly(vinyl alcohol) nanocomposites reinforced with cellulose fibrils isolated by high intensity ultrasonication. Composites Part A, 2009, 40: 218-224

[28] Suslick K S,Choe S B,Cichowlas A A,et al. Sonochemical synthesis of amorphous iron. Nature,1991,353:414-416

[29] Filson P B,Dawson-Andoh B E. Sono-chemical preparation of cellulose nanocrystals from lignocellulose derived materials. Bioresource Technology,2009,100:2259-2264

[30] Faria T P C S,Sierakowski M R,Harry Westfahl Jr. Tischer C A. Nanostructural reorganization of bacterial cellulose by ultrasonic treatmen. Biomacromolecules, 2010, 11: 1217-1224

[31] Liu H,Du Y M,Kennedy J F. Hydration energy of the 1,4-bonds of chitosan and their breakdown by ultrasonic treatment. Carbohydrate Polymers,2007,68:598-600

[32] Kasaai M R,Arul J,Charlet G. Fragmentation of chitosan by ultrasonic irradiation. Ultrasonics Sonochemistry,2008,15:1001-1008

[33] Cote G L,Willet J L. Thermomechanical depolymerization of dextran. Carbohydrate Polymers,1999,39:119-126

[34] Portenlanger G, Heusinger H. The influence of frequency on the mechanical and radical effects for the ultrasonic degradation of dextranes. Ultrasonics Sonochemistry,1997,4:127-130

[35] Vodeniǎarová M,Drímaloví G,Hromádková Z,et al. Xyloglucan degradation using different radiation sources:A comparative study. Ultrasonics Sonochemistry,2006,13:157-164

[36] Gronroos A,Pirkonen P,Ruppert O. Ultrasonic depolymerization of aqueous carboxymethylcellulose. Ultrasonics Sonochemistry,2004,11:9-12

[37] Aliyu M,Hepher M J. Effects of ultrasound energy on degradation of cellulose material. Ultrasonics Sonochemistry,2000,7:265-268

[38] Tang A M,Zhang H W,Chen G,et al. Influence of ultrasound treatment on accessibility and regioselective oxidation reactivity of cellulose. Ultrasonics Sonochemistry, 2005, 12: 467-472

[39] Lange J,Wyser Y. Recent innovations in barrier technologies for plastic packaging-a review. Packaging Technology and Science,2003,16:149-158

[40] Schmedlen R,Masters K,West J. Photocrosslinkable polyvinyl alcohol hydrogels that can be modified with cell adhesion peptides for the use in tissue engineering,Biomaterials,2002, 23:4325-4332

[41] Wan W,Campbell G,Zhang Z,et al. Optimizing the tensile properties of poly(vinyl alcohol) hydrogel for the construction of a bioprosthetic heart valve stent. Journal of Biomedical Materials Research,2002,63:854-861

[42] Paralikar S A,Simonsen J,Lombardi J. Poly(vinyl alcohol)/cellulose nanocrystal barrier membranes. Journal of Membrane Science,2008,320:248-258

[43] Cravotto G,Cintas P. Forcing and controlling chemical reactions with ultrasound. Angewandte Chemie International Edition,2007,46:5476-5478

[44] Cintas P,Luche J L. Green chemistry:The sonochemical approach. Green Chemistry,1999, 1:115-125.

[45] Hamad W. On the development and applications of cellulosic nanofibrillar and nanocrystalline materials. The Canadian Journal of Chemical Engineering,2006,10:513-519

[46] Wang N,Ding E Y,Cheng R S. Thermal degradation behaviors of spherical cellulose nanocrystals with sulfate groups. Polymer,2007,48:3486-3493

[47] Kim D Y,Nishiyama Y,Wada M,et al. High-yield carbonization of cellulose by sulfuric acid impregnation. Cellulose,2001,8:29-33

[48] Glasser W G,Taib R,Jain R K,et al. Fiber-reinforced cellulosic thermoplastic Composites. Journal of Applied Polymer Science,1999,73:1329-1340

[49] Beck-Candanedo S,Roman M,Gray D G. Effect of reaction conditions on the properties and behavior of wood cellulose nanocrystal suspensions. Biomacromolecules,2005,6:1048-1054

[50] Caruso M M,Davis D A,Shen Q L,et al. Mechanically-induced chemical changes in polymeric materials. Chemical Reviews,2009,109(11):5755-5798

[51] Chen N, Li L, Wang Q. New technology for thermal processing of poly(vinyl alcohol). Plastics, Rubber and Composites: Macromolecular Engineering, 2007, 36: 283-290

[52] Chen W S, Yu H P, Li Q, et al. Ultralight and highly flexible aerogels with long cellulose I nanofibers. Soft Matter, 2011, 7: 10360-10368

[53] Cheng Q Z, Wang S Q, Rials T G. Poly (vinyl alcohol) nanocomposites reinforced with cellulose fibrils isolated by high intensity ultrasonication. Composites Part A: Applied Science and Manufacturing, 2009, 40(2): 218-224

[54] Cheng Q Z, Wang S Q, Han Q Y. Novel process for isolating fibrils from cellulose fibers by high-intensity ultrasonication. II. fibril characterization. Journal of Applied Polymer Science, 2010, 115: 2756-2762

[55] Cintas P, Luche J L. Green chemistry: The sonochemical approach. Green Chemistry, 1999, 1: 115-125.

[56] Glasser W G, Taib R, Jain R K, et al. Fiber-reinforced cellulosic thermoplastic composites. Journal of Applied Polymer Science, 1999, 73: 1329-1340

[57] Habibi Y, Lucia L A, Rojas O J. Cellulose nanocrystals: chemistry, self-Assembly, and applications. Chemical Reviews, 2010, 110: 3479-3500

[58] Iwamoto S, Nakagaito A N, Yano H, et al. Optically transparent composites reinforced with plant fiber-based nanofibers. Applied Physics A: Materials Science and Processing, 2005, 81: 1109-1112

[59] Lima M M D S, Borsali R. Rodlike cellulose microcrystals: structure, properties and applications. Macromolecular Rapid Communications, 2004, 25: 771-787

[60] Li W, Yue J Q, Liu S X. Preparation of nanocrystalline cellulose via ultrasound and its reinforcement capability for poly(vinyl alcohol) composites. Ultrasonics Sonochemistry, 2012, 19: 479-485

[61] Nishiyama Y, Sugiyama J, Chanzy H, et al. Crystal structure and hydrogen bonding system in cellulose Iα from synchrotron X-ray and neutron fiber diffraction. Journal of the American Chemical Society, 2003, 125(47): 14300-14306

[62] Pandey J K, Misra M, Mohanty A K, et al. Recent advances in biodegradable nanocomposites. Journal of Nanoscience and Nanotechnology, 2005, 5(4): 497-526

[63] Paralikar S A, Simonsen J, Lombardi J. Poly (vinyl alcohol)/cellulose nanocrystal barrier membranes. Journal of Membrane Science, 2008, 320: 248-258

[64] Ramaraj B. Crosslinked poly (vinyl alcohol) and starch composite films. II. Physicomechanical, thermal properties and swelling studies. Journal of Applied Polymer Science, 2007, 103: 909-916

[65] Svagan A J, Samir M A S A, Berglund L A. Biomimetic foams of high mechanical performance based on nanostructure cell walls reinforced by native cellulose nanofibrils. Advanced Materials, 2008, 20: 1263-1269

[66] Tang C Y, Liu H Q. Cellulose nanofiber reinforced poly (vinyl alcohol) composite film with

high visible light transmittance. Composites:Part A,2008,39:1638-1643

[67] Wang S Q,Cheng Q Z. A novel process to isolate fibrils from cellulose fibers by high-intensity ultrasonication,part 1:process optimization. Journal of Applied Polymer Science,2009, 113:1270-1275

[68] Yano H,Sugiyama J,Nakagaito A N,et al. Optically transparent composites reinforced with networks of bacterial nanofibers. Advanced Materials,2005,17:153-155

[69] Abdul Khalil H P S,Bhat A H,Ireana Yusra A F. Green composites from sustainable cellulose nanofibrils:A review. Carbohydrate Polymers,2012,87:963-979

[70] Alemdar A,Sain M. Isolation and characterization of nanofibers from agricultural residues-wheat straw and soy hulls. Bioresource Technology,2008,99:1664-1671

[71] Aliyu M,Hepher M J. Effects of ultrasound energy on degradation of cellulose material. Ultrasonics Sonochemistry,2000,7:265-268.

[72] Bhatnagar A,Sain M J. Processing of cellulose nanofiber-reinforced composites. Reinforced Plastics Composites,2005,24(12):1259-1268

[73] Bondeson D,Mathew A,Oksman K. Optimization of the isolation of nanocrystals from microcrystalline cellulose by acid hydrolysis. Cellulose,2006,13:171-180

[74] Bruce D M,Hobson R N,Farrent J W,et al. High performance composites from low-cost plant primary cell walls. Composites Part A-applied Science and Manufacturing,2005,36: 1486-1493

[75] Caruso M M,Davis D A,Shen Q L,et al. Mechanically-induced chemical changes in polymeric materials. Chemical Reviews,2009,109(11):5755-5798

[76] Chakraborty A,Sain M,Kortschot M. Cellulose microfibrils:A novel method of preparation using high shear refining and cryocrushing. Holzforschung,2005,59:02-107

[77] Cheng Q Z,Wang S Q,Han Q Y. Novel process for isolating fibrils from cellulose fibers by high-intensity ultrasonication. II. fibril characterization. Journal of Applied Polymer Science,2010,115:2756-2762

[78] Cheng Q Z,Wang S Q,Rials T G. Poly (vinyl alcohol) nanocomposites reinforced with cellulose fibrils isolated by high intensity ultrasonication. Composites Part A:Applied Science and Manufacturing,2009,40(2):218-224

[79] Chen W S,Yu H P,Liu Y X. Preparation of millimeter-long cellulose I nanofibers with diameters of 30-80 nm from bamboo fibers. Carbohydrate Polymers,2011,86:453-461

[80] Chen W S,Yu H P,Liu Y X,et al. Individualization of cellulose nanofibers from wood using high-intensity ultrasonication combined with chemical pretreatments. Carbohydrate Polymers,2011,83,1804-1811

[81] Cintas P,Luche J L. Green chemistry:The sonochemical approach. Green Chemistry,1999, 1:115-125

[82] Cote G L,Willet J L. Thermomechanical depolymerization of dextran. Carbohydrate Polymers,1999,39:119-126

[83] Filson P B, Dawson-Andoh B E. Sono-chemical preparation of cellulose nanocrystals from lignocellulose derived materials. Bioresource Technology, 2009, 100: 2259-2264

[84] Glasser W G, Taib R, Jain R K, et al. Fiber-Reinforced cellulosic thermoplastic composites. Journal of Applied Polymer Science, 1999, 73: 1329-1340

[85] Gronroos A, Pirkonen P, Ruppert O. Ultrasonic depolymerization of aqueous carboxymethylcellulose. Ultrasonics Sonochemistry, 2004, 11: 9-12

[86] Habibi Y, Lucia L A, Rojas O J. Cellulose nanocrystals: chemistry, self-Assembly, and applications. Chemical Reviews, 2010, 110: 3479-3500

[87] Imsgard F, Falkehag I, Kringstad K P. On possible chromophoric structures in spruce wood. Tappi, 1971, 54(10): 1680-1684

[88] Iwamoto S, Nakagaito A N, Yano H, et al. Optically transparent composites reinforced with plant fiber-based nanofibers. Applied Physics A: Materials Science and Processing, 2005, 81, 1109-1112

[89] Iwamoto S, Nakagaito A N, Yano H. Nano-fibrillation of pulp fibers for the processing of transparent nanocomposites. Applied Physics A: Materials Science and Processing, 2007, 89(2): 461-466

[90] Kasaai M R, Arul J, Charlet G. Fragmentation of chitosan by ultrasonic irradiation. Ultrasonics Sonochemistry, 2008, 15: 1001-1008

[91] Konn J, Holmbom B, Nickull O. Chemical reactions in chemimechanical pulping: material balances of wood components in a CTMP process. Journal of Pulp and Paper Science, 2002, 28: 395-399

[92] Law K N, Daud W R W. CMP and CTMP of a fast-growing tropical wood: Acacia mangium. Tappi Journal, 2000, 83: 1-7

[93] Lebo S E, Lonsky W F W. The ocuurence and light-induced formation of ortho-quinonoid lignin structures in white spruce refiner pulp. Journal of Pulp and Paper Science, 1990, 16(5): J139-J143.

[94] Leitner J, Hinterstoisser B, Wastyn M, et al. Sugar beet cellulse nanofibril-reinforced composites. Cellulose, 2007, 14: 419-425.

[95] Liu H, Du Y M, Kennedy J F. Hydration energy of the 1,4-bonds of chitosan and their breakdown by ultrasonic treatment. Carbohydrate Polymers, 2007, 68: 598-600

[96] Li W, Yue J Q, Liu S X. Preparation of nanocrystalline cellulose via ultrasound and its reinforcement capability for poly (vinyl alcohol) composites. Ultrasonics Sonochemistry, 2012, 19: 479-485

[97] Li W, Zhao X, Liu S X. Preparation of entangled nanocellulose fibers from APMP and its magnetic functional property as matrix. Carbohydrate Polymers, 2013, 94: 278-285

[98] Nakagaito A N, Yano H. The effect of morphological changes from pulp fiber towards nano-scale fibrillated cellulose on the mechanical properties of high strength plant fiber based composites. Applied Physics A: Materials Science & Processing, 2004, 78: 547-552

[99] Nishiyama Y, Sugiyama J, Chanzy H, et al. Crystal structure and hydrogen bonding system in cellulose Iα from synchrotron X-ray and neutron fiber diffraction. Journal of the American Chemical Society, 2003, 125(47): 14300-14306

[100] Pandey J K, Misra M, Mohanty A K, et al. Recent advances in biodegradable nanocomposites. Journal of Nanoscience and Nanotechnology, 2005, 5(4): 497-526

[101] Paralikar S A, Simonsen J, Lombardi J. Poly (vinyl alcohol)/cellulose nanocrystal barrier membranes. Journal of Membrane Science, 2008, 320: 248-258

[102] Phong N T, Gabr M H, Okubo K, et al. Enhancement of mechanical properties of carbon fabric/epoxy composites using micro/nano-sized bamboo fibrils. Materials and Design, 2013, 47: 624-632

[103] Portenlanger G, Heusinger H. The influence of frequency on the mechanical and radical effects for the ultrasonic degradation of dextranes. Ultrasonics Sonochemistry, 1997, 4: 127-130

[104] Sain M, Panthapulakkal S. Bioprocess preparation of wheat straw fibers and their characterization. Industrial Crops and Products, 2006, 23(1): 1-8

[105] Sakurada I, Nukushina Y, Ito T. Experimental determination of the elastic modulus of crystalline regions in oriented polymers. Journal of Polymer Science, 1962, 57(165): 651-660

[106] Sedlarık V, Saha N, Kuritka I, et al. Characterization of polymeric biocomposite based on poly (vinyl alcohol) and poly (vinyl pyrrolidone). Polymer Composites, 2006, 27: 147-152

[107] Shih Y F, Huang C C. Polylactic acid (PLA) / banana fiber (BF) biodegradable green biocomposites. Journal of Polymer Research, 2011, 18: 2335-2340

[108] Stenstad P, Andresen M, Tanem B S, et al. Chemical surface modification of microfibrillated cellulose. Cellulose, 2008, 15: 35-45

[109] Sun J X, Sun X F, Zhao H, et al. Isolation and characterization of cellulose from sugarcane bagasse. Polymer Degradation and Stability, 2004, 84: 331-339

[110] Sun R C, Lawther J M, Banks W B. Influence of alkaline pre-treatments on the cell wall components of wheat straw. Industrial Crops and Products, 1995, 4: 127-145

[111] Sun R C, Tomkinson J, Wang Y X, et al. Physico-chemical and structural characterization of hemicelluloses from wheat straw by alkaline peroxide extraction. Polymer, 2000, 41(7): 2647-2656

[112] Suslick K S, Choe S B, Cichowlas A A, et al. Sonochemical synthesis of amorphous iron. Nature, 1991, 353: 414-416

[113] Svagan A J, Samir M A S A, Berglund L A. Biomimetic foams of high mechanical performance based on nanostructured cell walls reinforced by native cellulose nanofibrils. Advanced Materials, 2008, 20: 1263-1269

[114] Teixeira E M, Corrêa A C, Manzoli A, et al. Cellulose nanofibers from white and naturally colored cotton fibers. Cellulose, 2010, 17: 595-606

[115] Tischer P C S F, Sierakowski M R, Westfahl H, et al. Nanostructural reorganization of bacterial cellulose by ultrasonic treatment. Biomacromolecules, 2010, 11(5):1217-1224

[116] Vodeniǎarová M, Drímaloví G, Hromádková Z, et al. Xyloglucan degradation using different radiation sources: A comparative study. Ultrasonics Sonochemistry, 2006, 13:157-164

[117] Wang B, Sain M. Dispersion of soybean stock-based nanofiber in a PLA stic matrix. Polymer International, 2007, 56:538-546

[118] Wang S Q, Cheng Q Z. A novel process to isolate fibrils from cellulose fibers by high-intensity ultrasonication, part 1: process optimization. Journal of Applied Polymer Science, 2009, 113:1270-1275

[119] Wegner T H, Jones P E. Advancing cellulose-based nanotechnology. Cellulose, 2006, 13: 115-118

[120] Zhang W, Zhang Y A, Lu C H, et al. Aerogels from crosslinked cellulose nano/micro-fibrils and their fast shape recovery property in water. Journal of Materials Chemistry, 2012, 22:11642-11650

[121] Zhao H, Feng X, Gao H. Ultrasonic technique for extracting nanofibers from nature materials. Applied Physics Letters, 2007, 90:073112

第 4 章　超声法制备纳米纤维素及增强聚乳酸复合材料

4.1　引　言

纤维素以其取之于自然界、产量丰富且具有生物降解性而著称。随着人类环保意识的加强和各类资源的日益枯竭,纤维素这类绿色可再生的廉价资源得到更广泛的应用,已经日益成为了人们关注的焦点[1~7]。通过新的科学技术,在微观领域对纤维素分子或晶须进行改性或重组,或将纳米纤维素用于制备复合材料,开发出具有优异性能的新型产品,具有极其重要的意义[7~13]。

木质纳米纤维素不仅如其他纳米材料一样具有表面积巨大的特点,还具有一些其他特点,如纤维素含有大量的羟基,提高了其反应活性,且羟基能有一些特征的基团形成氢键,增加材料的强度,因而木质纳米纤维素可用于制备复合材料;纯度较高的纳米纤维素还具有良好生物相容性,可用于促进细胞的生长[13~17]。纳米微晶纤维素不仅保留了天然纤维素的特性如生物降解性、亲水性和可再生性,而且还具有高的机械强度和拉伸模量[17~21]。纳米微晶纤维素可通过化学或机械处理的方法制备,如强酸水解法,除去纤维素纤维的无定形区域,并产生纳米尺寸的原纤[22~26]。以纳米微晶纤维素来制备复合材料,用来增强聚合物强度和亲水性的方法越来越受到人们的欢迎[27~30],其优势也是其他增强材料不能相比的,且其在自然界的含量之高及可降解性也同样符合绿色化学的理念。

聚乳酸(Polylactic acid)是一种由微生物发酵产物 L-乳酸聚合而成的多用途聚合物,是由完全可再生资源,如甜菜和甘蔗或玉米、小麦等富含淀粉的原料中所得,是热塑性脂肪族树脂的一种。由于聚乳酸和油基塑料具有相同的加工方法,因此聚乳酸是一种很有前景和持续性的替代品[31~35]。聚乳酸有大量潜在的用途,现已应用的领域包括纺织、医疗领域和包装行业等。在一定的条件下,聚乳酸在原则上是可堆肥的。也就是说,在合适的触发条件下,聚乳酸可被降解成无害的天然化合物。

对于扩大聚乳酸的商业用途来说,其固有的脆性成为了最大的障碍。现已提出的诸多方法,如塑化、嵌段共聚、共混等都会使加强后的聚乳酸的模量和强度明显的降低[36]。而若以纳米微晶纤维素与聚乳酸复合,可改善聚乳酸的脆性,使其力学性能得到提升,而聚乳酸本身的透明性受影响并不大[36~40]。

以超声法制备长丝状纳米纤维素,并将其用于制备增强聚乳酸复合材料,并对其形貌、热性能以及力学性能进行研究。

4.2 实验部分

4.2.1 实验原料

实验所用原料为碱性过氧化氢化学机械浆(alkaline peroxide mechanical pulping,APMP),其白度为84%ISO,加拿大标准游离度(CSF)为750mL。其他化学试剂包括冰乙酸、亚氯酸钠、氢氧化钠和聚乳酸(分析纯)

4.2.2 纳米纤维素的制备

以碱性过氧化氢机械浆(APMP)为原料,取20~80目的机械浆料4.0g,加入25滴冰乙酸、1.0g亚氯酸钠,再加入130mL蒸馏水摇匀,而后在75℃下加热1h后,再加入25滴冰乙酸和1.0g亚氯酸钠,继续反应1h。上述步骤重复4次,除去碱性过氧化氢机械浆中多余的木素,最终得到综纤维素(Ho-CFs)。将所得的综纤维素在4%的氢氧化钠溶液中进行润胀处理2h得到Al-CFs,而后将样品过滤,并用蒸馏水洗涤至中性。保持纤维处于湿润状态,待进行下一步的超声处理。经过化学预处理后,将所得的Al-CFs配成浓度约为2%的浆料溶液,并在这样的条件下将纤维润胀约5h,而后将约150mL的Al-CFs在高超声下处理30min。该过程在冰水浴中进行,超声功率约为900W。将所得的悬浮液在高剪切分散乳化机下处理3min得到纳米微晶纤维素备用。

4.2.3 聚乳酸复合材料的制备

称取一定质量的纳米纤维素悬浮液,放入干燥箱中烘干后,称量干燥后样品的质量,从而计算纳米纤维素的质量分数。在直径为15cm的培养皿中倒入纳米纤维素含量约为0.20g的纳米纤维素悬浮液,摇晃使其在培养皿中铺展均匀,然后用超声波处理约5min,除去悬浮液中的气泡。放入干燥箱中干燥4h,除去水分,从而得到纳米纤维素薄膜。该过程干燥箱温度维持在70℃。用镊子将干燥后的薄膜揭下,减掉边缘不均匀部分。

取一定质量的聚乳酸放入锥形瓶中,倒入适量的三氯甲烷,将锥形瓶瓶口密封严实。常温下,在磁力搅拌下搅拌,直至聚乳酸完全溶解,继续搅拌一段时间使溶液均匀备用。

向洁净的培养皿中倒入高度约为4mm的聚乳酸溶液,用镊子将纳米纤维素薄膜铺在聚乳酸溶液上,而后再向薄膜上倾倒高度约为6mm的聚乳酸溶液。将培养皿扣好,用封口膜将培养皿边缘密封,防止三氯甲烷的挥发,浸渍时间为 2h。在平滑洁净的玻璃板上涂抹厚度适中并且均匀的硅油,将浸渍完成的纳米微晶纤维素/聚乳酸复合膜平铺在玻璃板上,在室温下干燥 48h。重复上述过程,浸渍时间分别为 4h、8h,从而得到浸渍时间不同的纳米微晶纤维素/聚乳酸复合膜。将干燥后的复合膜在一定压力下压平整,待表征使用。整体制备过程的技术路线及示意图如图 4-1。

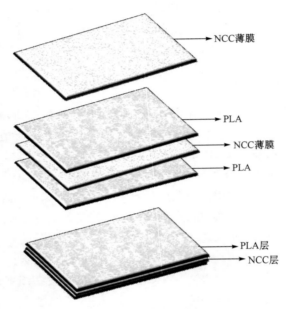

图 4-1 纳米纤维素/聚乳酸复合膜制备示意图

4.2.4 材料表征

采用扫描电子显微镜(FEI QUANTA200)观察 APMP 原浆、综纤维素、Al-CFs、超声处理后纳米纤维素、纳米纤维素膜、聚乳酸膜及纳米纤维素/聚乳酸膜的变化;应用傅里叶红外光谱仪分析及测定样品的红外谱图;采用 TG209-F3-Tarsus 型热重分析仪对其进行热重分析,温度范围为 30~600℃;应用小型万能材料试验机(HY-0230 型)测定聚乳酸膜及纳米纤维素/聚乳酸膜的力学性能;采用双光束紫外可见分光光度计(TU-1900 型)测定纳米纤维素膜、聚乳酸膜及纳米纤维素/聚乳酸膜的透光率。

4.3 结果与讨论

4.3.1 纳米纤维素的形貌分析

图 4-2 为以碱性过氧化氢机械浆为原料,采用高强超声法制备的纳米纤维素的 SEM 图。从图中可以看出,所制备的纳米纤维素呈现细长丝状,彼此缠绕并且具有高的长径比。低倍 SEM(图 4-2(a))显示,单根的纳米纤维长约 $100\sim300\mu m$,甚至更长。由于选取碱性过氧化氢机械浆为原料,其在制浆过程中所经过的机械磨解作用,以及后续的除木素和碱润胀处理,经过离心去除较大的束状纤维后,所制备的纳米纤维素的得率约为 90%。

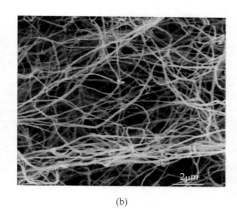

(a)　　　　　　　　　　　　　　(b)

图 4-2　纳米纤维素的 SEM 图

4.3.2 聚乳酸复合材料形貌分析

如图 4-3 所示,图(a)为聚乳酸薄膜,表面平整光滑,图中凸起部分为制膜过程出现气泡而致,但大部分较为均匀,没有气泡的出现;图(b)、(c)为浸渍法制备的纳米纤维素/聚乳酸复合膜。由图 4-3(b)可以看出,在浸渍聚乳酸后,纳米纤维素被紧紧地包覆在聚乳酸中,纳米纤维素/聚乳酸复合膜表面的长条状凸起为纳米纤维素的细丝,细长的纤维彼此交错在复合膜的中间层,在图 4-3(c)可以看出复合膜大部分较为平整均匀。如图 4-3(d)所示,在纳米纤维素薄膜两侧纤维通过氢键作用与聚乳酸紧密结合,纳米纤维素薄膜最表层纤维大都被聚乳酸包覆紧密,从而纳米纤维素起到了骨架作用,大大增加了聚乳酸的强度。

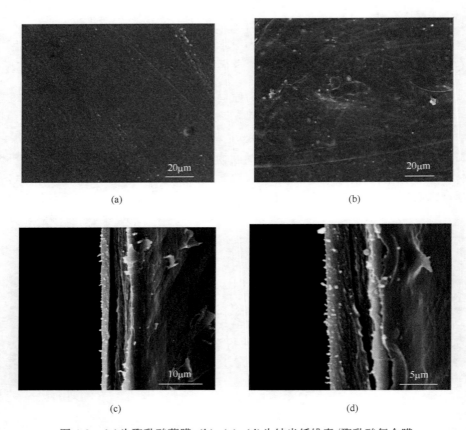

图 4-3　(a)为聚乳酸薄膜,(b)、(c)、(d)为纳米纤维素/聚乳酸复合膜

4.3.3　聚乳酸复合材料的表面结构分析

如图 4-4 所示,纳米纤维素在 $3407cm^{-1}$ 处有一个很强的峰归属于 O—H 的伸缩振动峰,而纳米纤维素/聚乳酸的谱线在 $3200\sim3750cm^{-1}$ 的范围内并没有出现 O—H 的伸缩振动峰,纳米纤维素/聚乳酸图谱是与该范围内聚乳酸的图谱非常相近。纳米纤维素/聚乳酸图谱中大多数吸收峰都与聚乳酸的吸收峰都十分接近,变化幅度都很小,但是在 $1747cm^{-1}$ 处—C═O 的伸缩振动峰却在低波数方向发生了偏移,偏移值大概为 $12cm^{-1}$。这说明在纳米纤维素/聚乳酸复合膜中,纳米纤维素分子链上的羟基—OH 与聚乳酸中的—C═O 之间存在着氢键的作用。说明聚乳酸与纳米微晶纤维素间的相容性较好,两者间产生的氢键作用使得两者的自聚力受到了一定程度的破坏。此外,在红外图谱上并没有出现新的特征峰,说明没有新的官能团产生。在浸渍过程中,纳米纤维素薄膜与聚乳酸间产生的为分子水平的物理作用,两者间通过氢键的作用结合。

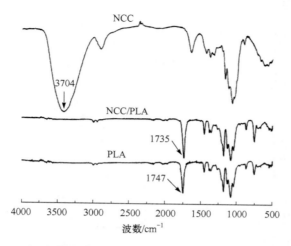

图 4-4 纳米纤维素、聚乳酸和纳米纤维素/聚乳酸的红外光谱图

4.3.4 聚乳酸复合材料的热稳定性分析

图 4-5 与图 4-6 分别为纳米纤维素、聚乳酸薄膜、纳米纤维素/聚乳酸复合膜的热失重曲线（TG）和微分热失重曲线（DTG）。由图 4-5 可以观察到，在 70℃ 左右聚乳酸薄膜及纳米纤维素/聚乳酸复合膜都出现了一次小幅度的失重，是由于两者中溶剂的挥发及结合水的蒸发。该阶段聚乳酸薄膜的失重率约为 12%，纳米纤维素/聚乳酸的失重率约为 7%。纳米纤维素在 100℃ 前也出现了小幅度的失重，主要是纤维中吸附水的蒸发，失重率大概为 4%。当温度升高到 240℃ 以后，纳米纤维素、纳米纤维素/聚乳酸、聚乳酸陆续开始出现大幅度失重过程。纳米纤维素主要为纤维的热分解，聚乳酸薄膜主要为聚乳酸主链的断裂，而纳米纤维素/聚乳酸复合膜则为上述两种情况都存在。600℃ 时，纳米纤维素的失重率达到 90%，纳米纤维素/聚乳酸复合膜的失重率达到 96% 以上，而聚乳酸薄膜的失重率几乎达到 100%。在图 4-6 所示的 DTG 图及表 4-1 中，可以读出纳米纤维素、纳米纤维素/聚乳酸复合膜、聚乳酸薄膜曲线顶峰处的温度，即最大热失重速率温度（T_p），分别为 346℃、350℃ 及 375℃。由此可知，复合膜的热稳定性与纳米纤维素较接近，而聚乳酸的热稳定性比两者都要更好一些。这是由两种物质的特性所决定的。首先，聚乳酸是一种高聚物，以碳链为主链，热稳定性相对较好。纳米纤维素则是由纤维素、半纤维素和木质素等物质组成。纳米纤维素与聚乳酸的复合并没有导致纳米纤维素/聚乳酸复合膜热稳定性的提高，而是略低于聚乳酸，而 600℃ 时纳米纤维素/聚乳酸复合膜的残留质量与聚乳酸相比相差很小。因此可知，纳米纤维素/聚乳酸复合膜的性能受纳米纤维素的影响不大，复合膜加工成型的难易程度较

聚乳酸也变化不大。

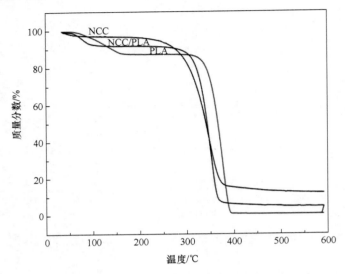

图 4-5　纳米纤维素、聚乳酸薄膜、纳米纤维素/聚乳酸复合膜 TG 图

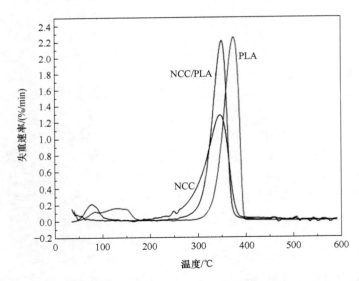

图 4-6　纳米纤维素、聚乳酸薄膜、纳米纤维素/聚乳酸复合膜 DTG 图

表 4-1 纳米纤维素、聚乳酸、纳米纤维素/聚乳酸降解温度表

样品	第一阶段			第二阶段		
	起始温度/℃	T_p/℃	终止温度/℃	起始温度/℃	T_p/℃	终止温度/℃
纳米纤维素	33.7	49.1	68.6	221.5	346.3	393.1
聚乳酸	32.69	128.8	102.5	293.8	375.0	394.1
纳米纤维素/聚乳酸	38.02	77.4	169.0	262.14	350.0	387.3

4.3.5 聚乳酸复合材料的力学性能分析

表 4-2 为聚乳酸薄膜及纳米纤维素/聚乳酸复合材料的力学性能表。由表可知,随浸渍时间的增加,纳米纤维素/聚乳酸复合材料的弹性模量逐渐增加。复合材料的厚度随时间增加,同时纳米纤维素对聚乳酸的增强效果更加明显。聚乳酸薄膜的弹性模量为 6.24MPa,抗拉强度为 7.23MPa。随浸渍时间的增加,纳米纤维素/聚乳酸复合材料的弹性模量随之增加,且弹性模量为聚乳酸薄膜的 13～18 倍。浸渍时间对弹性模量的影响较为显著,但对抗拉强度的影响不大。

表 4-2 聚乳酸薄膜及纳米纤维素/聚乳酸复合材料的力学性能表

试样	宽度/mm	厚度/mm	抗拉强度/MPa	弹性模量/MPa
纳米纤维素	15.00	0.08	—	—
聚乳酸	15.00	0.11	7.23	6.24
纳米纤维素/聚乳酸(2h)	15.00	0.21	4.18	80.00
纳米纤维素/聚乳酸(4h)	15.00	0.22	5.83	100.13
纳米纤维素/聚乳酸(8h)	15.00	0.26	7.78	116.35

4.3.6 聚乳酸复合材料的光学性能分析

图 4-7 所示为聚乳酸薄膜、纳米纤维素薄膜、纳米纤维素/聚乳酸复合膜的透光率图。从图中可以看出,聚乳酸薄膜的透光性较好,纳米纤维素薄膜的透光性稍差一些,与纳米纤维素复合后的纳米纤维素/聚乳酸复合膜的透光率较纳米纤维素又略有下降。在 800nm 处,聚乳酸薄膜的透光率为 85.0%,纳米纤维素的透光率为 63.1%,纳米纤维素/聚乳酸复合膜的透光率为 56.8%,较纳米纤维素薄膜仅降低了 6.3%。在 800～400nm 范围内,各膜的透光率值下降较为平缓,在 400nm 处聚乳酸薄膜的透光率为 69%,而纳米纤维素/聚乳酸复合膜的透光率仅为 25%,且在 400nm 后的范围内,纳米纤维素/聚乳酸复合膜的透光率下降速率明显加快。说明纳米纤维素/聚乳酸复合膜对紫外线的阻挡作用较未改性的聚乳酸来说,有着十分明显的效果。在 250nm 之后,纳米纤维素/聚乳酸复合膜对紫外线的阻挡率

几乎接近100%。

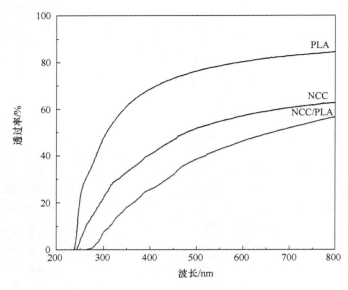

图4-7 聚乳酸薄膜、纳米纤维素薄膜、纳米纤维素/聚乳酸复合膜透光率

4.4 小 结

以 APMP 为原料,通过高强超声波制备的纳米纤维素,以及通过浸渍法制得的纳米纤维素/聚乳酸复合膜的力学性能较纯聚乳酸膜有明显的提升,复合膜的弹性模量可达到聚乳酸膜的18倍。浸渍时间的增加会使纳米纤维素/聚乳酸复合膜的弹性模量增加,但对抗拉强度影响不大。

由红外谱图可知,纳米纤维素与聚乳酸间的相互作用为物理作用,即氢键的作用,复合过程中没有产生新的基团。由电镜图可知,纳米纤维素/聚乳酸复合膜呈三层结构,中间层为纤纳米纤维素,两侧为聚乳酸,紧紧包覆在纳米纤维素薄膜上。纳米纤维素/聚乳酸复合膜的热稳定性较聚乳酸变化不大,不会影响其加工性能。由透光性测试可知,纳米纤维素/聚乳酸复合膜的透光率较聚乳酸略有降低,但对紫外线的阻挡作用增强了。

参 考 文 献

[1] Bhardwaj R,Mohanty A K. Modification of brittle polylactide by novel hyperbranched polymer-based nanostructures. Biomacromolecules,2007,8(8):2476-2484

[2] Mehta R,Kumar V,Bhunia H,et al. Synthesis of poly (lactic acid):a review. Journal of

Macromolecular Science, Part C: Polymer Reviews, 2005, 45(4): 325-349

[3] Pego A P, Siebum B, van Luyn M J A, et al. Preparation of degradable porous structures based on 1,3-trimethylene carbonate and D, L-lactide (co) polymers for heart tissue engineering. Tissue Engineering, 2003, 9(5): 981-994

[4] Hon D N S. Cellulose and its derivatives: Structures, reactions, and medical uses//Polysaccharides in Medicinal Applications. New York: Marcel Dekker, 1996: 87-105

[5] Franz G. Polysaccharides in pharmacy. Advances in Polymer Science, 1986, 76: 1-30

[6] Li S, Gao Y, Bai H, et al. Preparation and characteristics of polysulfone dialysis composite membranes modified with nanocrystalline cellulose. BioResources, 2011, 6(2): 1670-1680

[7] Henriksson M, Berglund L A. Structure and properties of cellulose nanocomposite films containing melamine formaldehyde. Journal of Applied Polymer Science, 2007, 106(4): 2817-2824

[8] Beck-Candanedo S, Roman M, Gray D G. Effect of reaction conditions on the properties and behavior of wood cellulose nanocrystal suspensions. Biomacromolecules, 2005, 6(2): 1048-1054

[9] Ganster J, Fink H P. Novel cellulose fibre reinforced thermos PLA stic materials. Cellulose, 2006, 13(3): 271-280

[10] 杨淑惠. 植物纤维化学(第三版). 北京: 中国轻工业出版社, 2005

[11] Ioelovich M. Cellulose as a nanostructured polymer: a short review. BioResources, 2008, 3(4): 1403-1418

[12] 高洁, 汤烈贵. 纤维素科学. 北京: 科学出版社, 1999

[13] Atalla R H. The structures of cellulose. Characterization of the Solid States (ACS Symposium Series No. 340), 1987: 1-14

[14] Dong X M, Kimura T, Revol J F, et al. Effects of ionic strength on the isotropic-chiral nematic phase transition of suspensions of cellulose crystallites. Langmuir, 1996, 12(8): 2076-2082

[15] Beck-Candanedo S, Viet D, Gray D G. Induced phase separation in cellulose nanocrystal suspensions containing ionic dye species. Cellulose, 2006, 13(6): 629-635

[16] Gray D G, Roman M. Self-assembly of cellulose nanocrystals: Parabolic focal conic films. Cellulose Nanocomposites: Processing, Characterization, and Properties, 2006, 938: 26-32

[17] Page D H, El-Hosseiny F, Winkler K. Behaviour of single wood fibres under axial tensile strain. Nature, 1971, 229(5282): 252, 253

[18] Beck-Candanedo S, Roman M, Gray D G. Effect of reaction conditions on the properties and behavior of wood cellulose nanocrystal suspensions. Biomacromolecules, 2005, 6(2): 1048-1054

[19] Bondeson D, Mathew A, Oksman K. Optimization of the isolation of nanocrystals from microcrystalline cellulose by acid hydrolysis. Cellulose, 2006, 13(2): 171-180

[20] Wang Y, Huang H, Chu G, et al. Bio-inspired functional integration by self-assembly and

mineralization of polysaccharides. Progress in chemistry,2013,25(4):589-610
[21] Gindl W,Reifferscheid M,Adusumalli R B,et al. Anisotropy of the modulus of elasticity in regenerated cellulose fibres related to molecular orientation. Polymer,2008,49(3):792-799
[22] Kim C W,Kim D S,Kang S Y,et al. Structural studies of electrospun cellulose nanofibers. Polymer,2006,47(14):5097-5107
[23] Kim C W,Frey M W,Marquez M,et al. Preparation of submicron-scale,electrospun cellulose fibers via direct dissolution. Journal of Polymer Science Part B:Polymer Physics,2005, 43(13):1673-1683
[24] Li W,Wang R,Liu S X. Preparation of nanocrystalline cellulose. Nanotechnology,2008,2: 704-707
[25] 唐丽荣. 纳米纤维素晶体的制备、表征及应用研究. 福州:福建农林大学,2010
[26] Pääkkö M,Ankerfors M,Kosonen H,et al. Enzymatic hydrolysis combined with mechanical shearing and high-pressure homogenization for nanoscale cellulose fibrils and strong gels. Biomacromolecules,2007,8(6):1934-1941
[27] Schwall C T,Banerjee I A. Micro-and nanoscale hydrogel systems for drug delivery and tissue engineering. Materials,2009,2(2):577-612
[28] Loelovitch M,Gordeev M. Crystallinity of cellulose and its accessibility during deuteration. Acta polymerica,1994,45(2):121-123
[29] Siqueira G,Bras J,Dufresne A. Cellulose whiskers versus microfibrils:influence of the nature of the nanoparticle and its surface functionalization on the thermal and mechanical properties of nanocomposites. Biomacromolecules,2008,10(2):425-432
[30] 甄文娟,单志华. 纳米纤维素在绿色复合材料中的应用研究. 现代化工,2008,28(6):85-88
[31] Fukuzaki H,Yoshida M,Asano M,et al. Synthesis of copoly (d,l-lactic acid) with relatively low molecular weight and in vitrodegradation. European Polymer Journal,1989,25(10): 1019-1026
[32] Tsuji H,Sumida K. Poly (L-lactide):v. effects of storage in swelling solvents on physical properties and structure of poly (L-lactide). Journal of Applied Polymer Science,2001,79 (9):1582-1589
[33] Mikos A G,Thorsen A J,Czerwonka L A,et al. Preparation and characterization of poly (L-lactic acid) foams. Polymer,1994,35(5):1068-1077
[34] Ljungberg N,Wesslén B. Preparation and properties of PLA sticized poly (lactic acid) films. Biomacromolecules,2005,6(3):1789-1796
[35] Martin O,Averous L. Poly (lactic acid):PLA sticization and properties of biodegradable multiphase systems. Polymer,2001,42(14):6209-6219
[36] 曹燕琳. 生物可降解聚乳酸的改性及其应用研究进展. 上海:上海大学材料学院高分子材料系,2010
[37] Bechtold K,Hillmyer M A,Tolman W B. Perfectly alternating copolymer of lactic acid and ethylene oxide as a PLA sticizing agent for polylactide. Macromolecules,2001,34(25):

8641-8648
- [38] 盛敏刚,张金花,李延红. 环境友好新型聚乳酸复合材料的研究及应用. 资源开发与市场, 2007,23(11):1012-1014
- [39] 袁利华,韩建,徐国平,等. 可降解聚乳酸/黄麻新型复合材料的制备与力学性能. 杭州:浙江理工大学学报,2007,24(1):28-31
- [40] Kasuga T,Ota Y,Nogami M,et al. Preparation and mechanical properties of polylactic acid composites containing hydroxyapatite fibers. Biomaterials,2000,22(1):19-23

第 5 章　纳米纤维素为模板的功能材料制备与应用

5.1　纳米纤维素模板法制备磁性纳米复合材料

5.1.1　引言

目前,以桉木、云杉、杨木、松木和非木材纤维原料等 APMP 制浆技术已趋于成熟。APMP 制浆工艺首先对制备原料进行预处理,重点是对纤维的次生壁进行软化,在 APMP 制浆过程中,采用高压缩比的挤压磨解使得纤维内部细纤维之间的联结弱化,提高纤维的柔软性和可塑性,甚至使之帚化、分丝、压溃。同时,APMP 在制备的过程中纤维经过漂白和机械磨解的过程,整个纤维的表面较为松散,有利于剩余木素的去除和后续的碱处理软化,同时还具有相对较高的结晶度[1]。

$CoFe_2O_4$ 是一种尖晶石型铁氧体,是一种性能优良的磁性材料,且具有高饱和磁化强度、磁晶各向异性、良好的化学稳定性以及催化特性[2]。$CoFe_2O_4$ 是一种潜在的高密度磁记录介质,尤其是在接触磁记录中有着良好的应用前景[3]。此外,$CoFe_2O_4$ 具有高磁导率,可以广泛地应用于磁测量和磁传感。与金属相比,$CoFe_2O_4$ 具有高电阻率、磁损耗小等特点,可应用于高频、脉冲、微波以及光频波段。同时 $CoFe_2O_4$ 又是一种吸波材料,可用于军事上的隐身技术[4~6]。目前,$CoFe_2O_4$ 铁氧体材料已成为是功能材料领域研究的热点之一。

传统的制备方法中,少量的纳米粒子表面改性的方法是简单的将其与聚合物基质混合进行改性处理[7]。然而,如果需要增加纳米颗粒的浓度以改善其功能,纳米颗粒在反应的过程中会发生团聚现象。这样的团聚反而使得纳米颗粒以及纳米复合材料的功能性降低,特别是在制备磁性材料的过程中,由于纳米颗粒间的偶极矩作用力,降低了磁性材料的功能。因此,如何能够在高浓反应的状态下降低纳米颗粒的团聚,并且不破坏聚合物材料的力学性能成为目前研究的热点[7~9]。

本节采用 APMP 为原料,采用化学预处理的方法制备高纤维素含量,然后采用高强超声的方法制备 NCC,考察 APMP 作为原料制备 NCC 的优势,同时以其制备的 NCC 气凝胶为模板制备钴铁氧体纳米磁性材料,并对其进行表征与磁性分析。

5.1.2 实验部分

1. 实验原料

实验用 APMP 为碱性过氧化氢机械浆,其白度为 84%ISO,加拿大标准游离度(CSF)为 750mL。其制备流程为:木片首先通过蒸汽加热并搅拌洗涤,除去木片夹带的砂石、金属、塑料及其他杂质;经蒸汽加热软化并具有恒定的水分。随后,通过挤压撕裂机(MSD)的挤压,木片沿着纹理方向分开,同时脱去其中的水分和部分木素。挤压后的木片在 MSD 出口处吸收大量的药液,再进入浸渍器中,接着进入反应仓进行漂白反应。反应后的木片由螺旋送入二段 MSD 中,以不同挤压比、药液配比停留在二段浸渍器,停留时间与一段相同。在反应仓反应后的浆料经两条斜螺旋送入一段磨浆机中,经常温常压磨浆后,送入中间池。浆料在此稀释,并用压力筛除渣制得 APMP。其他主要化学药品如下:氢氧化钠、冰乙酸、丙酮、硅油、亚氯酸钠、硫酸铜、乙二胺、硫酸亚铁、氯化钴、硝酸钾(分析纯)

2. 纳米纤维素的制备

取 2.0g APMP 浆料加入酸化的亚氯酸钠溶液,在 75℃下除去 APMP 中多余的木素,这样的程序重复两次,最终得到综纤维素(Ho-CFs);然后将所得到的综纤维素经 4% 的氢氧化钠溶液润胀处理 2h 得到 Al-CFs;处理后的样品过滤,洗涤到中性备用。经过化学预处理后,将所得到的 Al-CFs 配制成浓度约为 0.2% 的浆料溶液,并在这样的条件下让纤维润胀处理约 5h。将约 150mL 的 Al-CFs 溶液采用高强超声处理的方法,在功率 900W 下处理 15min。将所得的悬浮液采用离心的方法除去较大的纤维束以获得较纯的 NCC。所有的超声处理均在冰水浴中进行。

3. 磁性纳米材料的制备

将 20mg 冷干后的 NCC 气凝胶浸渍与 200mL 的 $FeSO_4$ 和 $CoCl_2$ 的混合溶液[10~12],其中摩尔比为 [Fe]/[Co]=2,将气凝胶充分浸渍 20min,$FeSO_4$ 和 $CoCl_2$ 的混合溶液完全渗透气凝胶样品,其中分别选取三种不同浓度的 $FeSO_4$ 和 $CoCl_2$ 的混合溶液,分别为 0.03mol/L、0.09mol/L 和 0.15mol/L。将上述含有气凝胶的混合溶液在 90℃下加热处理 3h,目的是为了让最初可溶的铁钴氢氧化物转变成不可溶的铁钴氢氧化复合物。然后将上述的 NCC 网状混合物转移到 400mL 的 1.3mol/L 的氢氧化钠溶液中,其中氢氧化钠溶液中含有 KNO_3([Fe^{2+}]/[NO_3^-]=0.44),并且将其在 90℃下加热处理 6h,可以看到混合溶液的颜色由红橙色变成了综黑色,将其用蒸馏水彻底洗净以去除未吸附于 NCC 上的物质,最后将其冷冻干燥后备用。磁性材料不同浓度如表 5-1 所示。

表 5-1 磁性材料不同浓度表

样品	$CoCl_2$/(mol/L)	$FeSO_4$/(mol/L)	$CoCl_2+FeSO_4$/(mol/L)
C1	0.01	0.02	0.03
C2	0.03	0.06	0.09
C3	0.05	0.10	0.15

4. 材料表征

利用扫描电子显微镜(FEI QUANTA200)观察 APMP 原浆、Ho-CFs、Al-CFs 以及超声处理后 NCC 的变化;利用 TG209-F3-Tarsus 型热重分析仪对样品进行分析,热重分析温度范围为 25~600℃;利用 D/max-r B 型 X 射线衍射仪观察样品的结晶结构,扫描范围:$2\theta=10°~30°$,结晶度的计算方法参照 2.2.3 小节;利用 Lake Shore-7410 VSM 型振动磁强计测定磁性 NCC 的磁学性能;样品的比表面积利用 ASAP 2020 型物理吸附仪测试,采用 BET 方程计算比表面积;不同处理阶段样品的 α-纤维素和半纤维素以及聚合度的测定方法参照 2.1 节;其他样品分析及制样方法参照 2.2.3 节。

5.1.3 纳米纤维素磁性材料制备路线分析

图 5-1 描述了以 APMP 为原料制备 NCC 以及以 NCC 为基质制备磁性纳米复合材料的制备路线图。从图中第一步可以看出,APMP 纤维经过一系列的化学处理,APMP 中的木素和大部分半纤维素被去除,制备成纤维素含量较高的纯化纤维;经过第三步的高强超声的处理,单根的微纤维进一步地细纤维素化,从而形成了具有纳米结构的 NCC;以 NCC 气凝胶基质,通过改变 $FeSO_4$ 和 $CoCl_2$ 的浓度,采用加热的方法制备出磁性粒子的前驱体(第四步);将 NCC 磁性粒子的前驱体加入到含有 NaOH 和 KNO_3 的溶液中,通过加热的方式使前驱体转化成钴铁氧体磁性粒子,将磁性 NCC 水凝胶冷冻干燥后制备出磁性 NCC 气凝胶。

5.1.4 纤维素化学组成与形貌分析

尽管 APMP 在制浆的过程当中已经除去的部分的木素,但为了能够从 APMP 中获得高纤维素含量的纯化纤维,采用亚氯酸钠法除去 APMP 中大部分的木素,然后通过 4% 的 NaOH 润胀来除去残余的木素和部分半纤维素。在 NaOH 处理的过程中,其不仅能够去掉残余的木素和部分半纤维素以提高纤维素的含量,同时 NaOH 还可以软化纤维并使得部分纤维的表面松散,这样有利于下一步的超声处理。

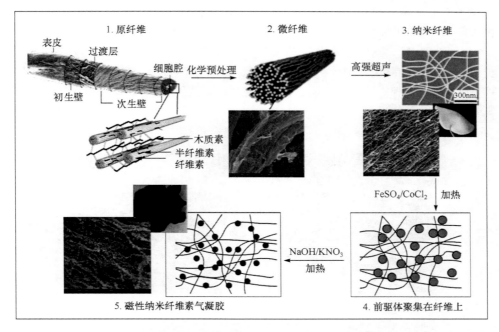

图 5-1 纳米纤维素与磁性磁性材料制备路线图

表 5-2 为 APMP 经过各种处理后的化学组分表。从表中可以看出，APMP 原浆含有最高的半纤维素和木素含量，分别为 23.7% 和 15.4%（其中酸不溶木素为 1.7%），但 APMP 的 α-纤维素含量最低为 55.9%。当 APMP 经过亚氯酸钠处理后，其木素含量仅为 1.5%，而 Ho-CFs 的 α-纤维素和半纤维素增加到 68.7% 和 29.8%。经过 NaOH 处理后，α-纤维素增加到 88.7%，为较高纯化纤维素。同时纤维经过不同的处理，其聚合度也发生着变化，聚合度从 APMP 的 788 降低到 NCC 的 657。与酸水解的制备的纳米纤维素相比，纯超声法制备的 NCC 能够较好地保持纤维的聚合度。

表 5-2 APMP、Ho-CFs、Al-CFs 和 NCC 的化学组成和聚合度

样品	α-纤维素/%	半纤维素/%	木质素/%	酸溶木素/%	聚合度
APMP	55.9±1.4	23.7±0.7	15.4±1.2	1.7±0.1	788±12
HO-CFs	68.7±1.5	29.8±0.8	1.5±0.1	—	765±8
Al-CFs	88.7±2.1	11.3±0.4	—	—	743±10
NCC	90.4±1.8	9.6±0.2	—	—	657±5

纤维的结构也随着其组分含量的变化而变化。如图 5-2(a)、(b)所示，APMP 原浆表面变得松散，同时可以看出在经过碱性过氧化氢机械的制备过程以后，不仅

去除了部分的木素,更主要的是 APMP 原料变得松散和软化,纤维内部纤丝的内聚力降低,同时可以看到部分纤维的 S1 层也发生了剥离的现象和细纤维化现象(图 5-2(c)、(d))。这种细胞壁的剥离能够提高预处理药液的渗透性,从而缩短其处理时间。这也就更好地为后续的除木素、碱处理和超声处理提供了条件,不仅能够减少药剂的用量,同时还能够缩短各种制备步骤的处理时间,为高效制备高纯、高结晶度的 NCC 提供了条件。同时从图 5-2(b)中可以看出,尽管 APMP 纤维经过上述的制浆过程,但纤维表面仍相对比较光滑。

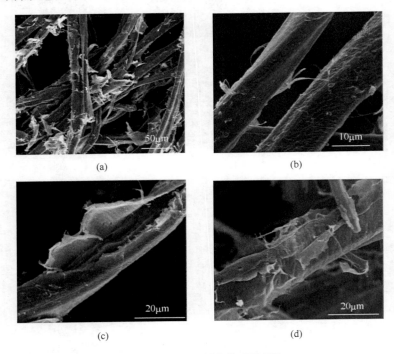

图 5-2　APMP 原浆的 SEM 图

图 5-3 为 APMP 经过亚氯酸钠脱除木素的 SEM 图片。从图中可以看出,经过除木素阶段,纤维未出现明显的形貌变化,但纤维的表面由 APMP 原浆的相对平滑变得粗糙,绝大部分的纤维表面出现了凸起(图 5-3(c));同时从纤维表面可以看出,由于木素的去除,纤维的表面出现了连续网状的纳米纤维;从图 5-3(d)中的插图可以看出,单根网状纳米纤维的直径约为 100nm。所有的这些形貌的变化表明,纤维内部的微纤丝之间的结合力降低,这为进一步的预处理提供了条件。

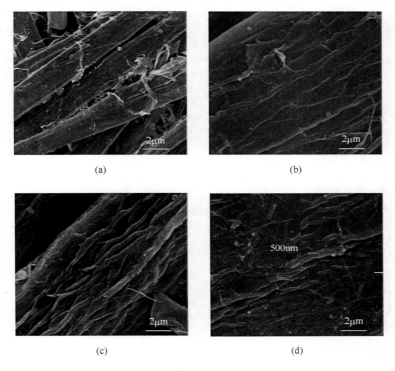

图 5-3 APMP 进一步去除木素后的 SEM 图

当 Ho-CFs 经过 NaOH 处理后(如图 5-4 所示),结合表 5-2 发现,纤维中大部分半纤维素和残余的木素被除去,可以看出纤维表面出现大量细纤维(图 5-2(b)~(d));同时可以清楚地看到纤维 S2 层暴露出来,并能够清晰地看到 S2 层平行于纤维轴向的微细纤维的分布。这就表明,细纤维间的结合力进一步降低,所有的这些预处理导致纤维的形貌变化为后续的超声处理提供了条件,从而能够有效地分离出纳米纤维。与先前的研究相比[13],选取 APMP 为原材料,由于制浆过程中对纤维的物理及化学的处理,使得其在制备高纯度、高结晶度的 NCC 的过程中不仅减少了预处理的次数,缩短了预处理的时间,同时还降低了高强超声的处理功率以及超声处理时间。

5.1.5 纳米纤维素的形貌分析

图 5-5 为以 APMP 为原料采用高强超声法制备的 NCC 气凝胶的 SEM 图。从图中可以看出,具有长丝状的、缠绕的和高长径比的 NCC 制备而成。低倍 SEM 下(图 5-5(a))显示,单根的纳米纤维长约 100~300μm,甚至更长,是采用酸水解法制备的 NCC 的 300~500 倍[14]。同时可以看出,大约 70% 的 NCC 的直径在 20~

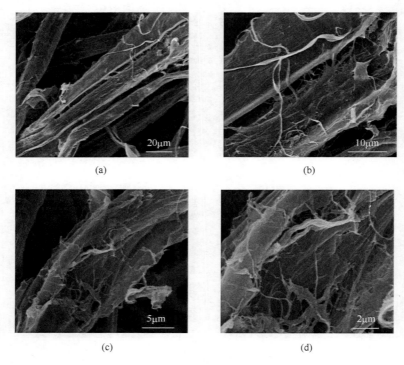

图 5-4 Ho-CFs 经碱处理后的 SEM 图

90nm(图 5-5(e))。另外,由于选取 APMP 为原料,在制浆过程中所经过的机械磨解作用,以及后续的除木素和碱润胀处理,经过离心去除较大的束状纤维后,所制备的 NCC 的得率约为 90%。这就表明,选取 APMP 为原料,不仅能够制备出得率较高的 NCC,同时可以发现,除木素阶段所进行的处理次数仅为两次,而碱润胀处理的时间也缩短为 2h。同时,与以 BHKP 为原料制备 NCC 相比,采用高强超声处理的功率由 BHKP 的 1200W 变成了 900W,不仅节省了预处理的时间,同时还降低超声的功率,节约了能耗。这为高效制备 NCC 提供了良好的条件。

此外,如表 5-2 所示,NCC 的聚合度为 657,与 APMP 相比仅仅降低了约 16.6%,表明尽管经过了除木素、碱润胀和高强超声处理,仍然保留了绝大部分较长链的多糖结构,为后续制备各种纳米材料提供了较好的模板结构。

同时从图 5-5(f)、(g)中可以看出,冷干后的 NCC 薄片非常的轻,而且极易弯曲且柔韧性很强。基于 BET 吸附方程,对其比表面积进行了测定,结果表明,NCC 的比表面积和平均孔径分别为 23.43m^2/g 和 13.45nm。这样的一种多孔的高比面积的纤维材料有着广泛的应用前景,如高性能增强材料、先进功能材料的模板和制备特定的过滤膜等。

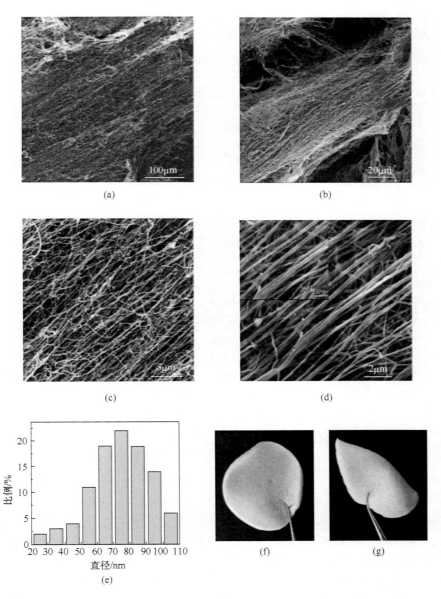

图 5-5 NCC 的 SEM 图

5.1.6 纳米纤维素的表面结构分析

图 5-6 为 APMP、Ho-CFs、Al-CFs 和 NCC 的红外图谱。1506cm^{-1} 和 1459cm^{-1} 分别为 APMP 中芳香环中的 C═C 伸缩振动和木素的 C—H 的变形振

动。经过亚氯酸钠处理后,上述峰位几乎消失,表明绝大部分的木素被去除。其中峰位在 1733cm^{-1} 为乙酰半纤维素和糖醛酯基,或者是半纤维素中的阿魏酸和对羟基苯基丙烯酸也几乎被去除[15～18]。

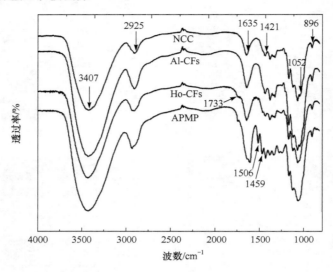

图 5-6　APMP、Ho-CFs、Al-CF 和 NCC 的红外光谱图

经过 NaOH 处理后,峰位在 1506cm^{-1}、1459cm^{-1} 和 1733cm^{-1} 的特征峰完全消失,表明残余的木素完全除去,同时部分半纤维素也被除去。

红外谱图的分析结果同表 5-2 对 APMP 纤维素化学组分的分析结果一致。经过高强超声处理所制备的 NCC 的红外谱图与 Al-CFs 的谱图几乎相同,表明所制备的 NCC 为经过纯化后具有高纤维素含量纳米级别的纤维素。

所有的样品在 3407cm^{-1} 处有一个很强的归属于 O—H 的伸缩振动峰;1056cm^{-1} 为 O—H 的变形振动峰;2925cm^{-1} 对应的是 C—H 的伸缩振动峰;1421cm^{-1} 对应的是—CH$_2$ 的弯曲振动峰;峰位在 1635cm^{-1} 对应的是碳水化合物吸附水的 H—O—H 的伸缩振动;896cm^{-1} 对应的是纤维素 C—H 的变形振动。

这样的波谱特征表明,所有的木素和大部分的半纤维素在亚氯酸钠和 NaOH 的处理过程中被出去。同时在经过高强超声处理后,所制备的 NCC 的结构未受到超声的破坏,仍保留了纤维素原有的分子结构。

5.1.7　纳米纤维素的结晶结构分析

为了更好地判断 APMP 在经过脱木素、碱润胀以及超声处理后纤维的晶型结构的变化,对上述样品进行了 X 射线衍射分析。图 5-7 为样品 APMP、Ho-CFs、Al-CFs 和 NCC 的 X 射线衍射图以及结晶度,所有的样品在 2θ 为 16.5° 和 22.5°

处有明显的衍射峰,表明样品具有典型的纤维素Ⅰ结构[19]。

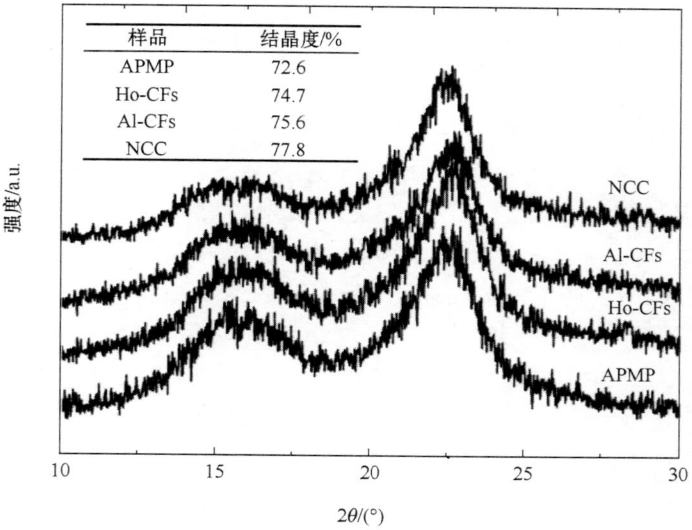

样品	结晶度/%
APMP	72.6
Ho-CFs	74.7
Al-CFs	75.6
NCC	77.8

图 5-7　APMP、Ho-CFs、Al-CFs 和 NCC 的 X 射线衍射图

APMP 初始的结晶度为 72.5%,经过亚氯酸钠处理后,其结晶度增加到 74.7%,其原因是木素的去除。经过 NaOH 处理的 Al-CFs 的结晶度增加到 75.6%,这是由于部分存在于无定形区的半纤维素被去除掉。当 Al-CFs 经过超声处理后,NCC 的结晶度增加到 77.8%。从 NCC 的 X 射线衍射图可以看出,无定形区和结晶区的衍射峰强度均降低,这表明超声处理既能够去除无定形区,同时其对结晶区部位也有破坏的作用。而结晶度之所以升高,是因为结晶区被破坏的比例和速度远远低于无定形区[20]。

超声在非均质体系中对反应物的作用主要为其空化效应所产生的化学和物理的作用。在纤维和水的体系中,纤维素的无定形区和结晶区同时遭到了空化泡的高速撞击[21]。分析认为,在撞击的过程当中,强烈的物理作用能够使得微纤之间的氢键断裂从而分离出纳米纤维素。高结晶度的纳米纤维素能够更有效地提高其在纳米材料中的增强作用[22]。

如何控制无定形区对结晶区的比例是在制备纳米纤维素的非常关键的因素[23]。如何分离出完美的纳米纤维素晶体需要考虑许多诸如结晶度、得率和效率等这样的问题。因此通过实验验证,在输出功率为 900W 下超声处理 15min 能够有效地制备出相对高结晶度和纤维素含量较高的纳米纤维素。与先前的制备报导相比[24],不仅在预处理的过程减少了处理次数,同时所选原料优良的制浆过程中的处理,为后续所有的制备过程提供了条件,从而提高了制备效率同时也提高了 NCC 的质量。

5.1.8 纳米纤维素的热稳定性分析

图 5-8 为 APMP、Ho-CFs、Al-CFs 和 NCC 的 TG 和 DTG 曲线。所有的样品在低于 120℃ 处有一个较小的失重，这是由于纤维中吸附水的蒸发。从图中可以看出，APMP 的初始降解温度为 265.5℃，而且其最大的热降解温度为 296.4℃（表 5-3），对应的是纤维素的降解。经过亚氯酸钠处理后，Ho-CFs 的初始降解温度和最大失重温度增加到 294.9℃ 和 322.6℃，这主要是由于木素在这一过程中被去除，从而提高了纤维的热稳定性。经过 NaOH 处理后，纤维中的大部分半纤维素被去除，Al-CFs 的初始降解温度增加到了 301.1℃，表明去除部分的半纤维素同样能够提高纤维素的热稳定性。经过超声处理后，NCC 的初始降解温度为 296.4℃，与 Al-CFs 相比，又向较低的温度偏移了一些，这主要是由于其纳米结构导致 NCC 的表面羟基数量的增加。NCC 这样优良的热稳定性为其在增强热塑性材料中的应用提供了基础[25]。

表 5-3 APMP、Ho-CFs、Al-CFs 和 NCC 的降解温度表

样品	第一阶段			第二阶段		
	起始温度/℃	最大失重温度/℃	结束温度/℃	起始温度/℃	最大失重温度/℃	结束温度/℃
APMP	33.4	54.4	144.3	265.5	296.4	317.3
Ho-CFs	35.6	50.6	146.5	294.9	322.6	337.1
Al-CFs	34.7	53.7	147.7	303.1	329.7	345.5
NCC	35.5	53.5	156.5	296.4	331.5	349.9

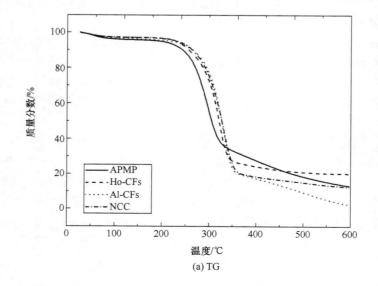

(a) TG

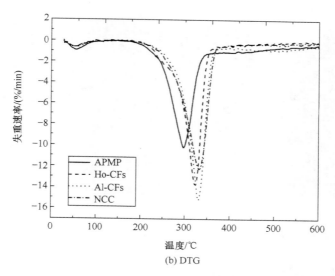

图 5-8 APMP、Ho-CFs、Al-CFs 和 NCC 的 TG 和 DTG 曲线图

5.1.9 磁性复合材料的形貌分析

图 5-9 为不同浓度的钴铁混合液制备的纳米磁性材料。三组样品中磁性纳米颗粒所占的比例分别为 34%、62% 和 75%。从图中可以看出，以 NCC 为模板制备的磁性材料，经过一系列的反应和彻底的洗涤过程，所制备 $CoFe_2O_4$ 纳米颗粒均吸附于 NCC 的表面，形成了稳定的磁性纳米纤维网状结构。同时可以看出，随着钴铁反应溶液浓度的增加，$CoFe_2O_4$ 纳米颗粒吸附于 NCC 表面的比例也增高，表明通过控制反应液的浓度能够制备出不同纳米颗粒比例的磁性复合材料。

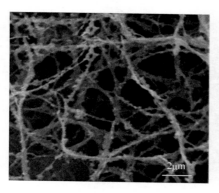

(a) C1: 34%

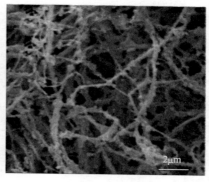

(b) C2: 62%

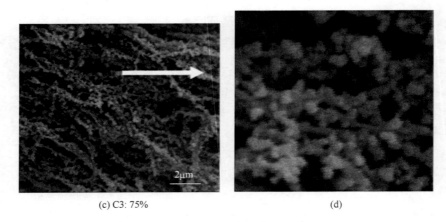

(c) C3: 75%　　　　　　　　　　(d)

图 5-9　不同浓度下的磁性纳米材料的 SEM 图

5.1.10　磁性纳米纤维素的结晶结构分析

图 5-10 为 NCC 和不同浓度下制备的纳米纤维磁性材料的 XRD 图。从图中看出,单纯的 NCC 呈现典型的纤维素 I 型结构,随着纳米颗粒在复合材料中所占的质量分数的增加,NCC 的结晶区的峰强越来越不明显,这是由于形成的钴铁氧体颗粒的增加所致。图中不同浓度下的 $CoFe_2O_4$ 的特征峰与 PDF 卡片中标准谱 JCPD22-1086 对照,样品的衍射峰吻合很好[26],表明所制备的 $CoFe_2O_4$ 磁性颗粒为尖晶石型。另外,从 XRD 图中的阴影部分发现,在 2θ 为 40°时,不同浓度下的磁性纤维出现了一个峰,分析认为这样的一个峰值是由于磁性颗粒中的类似于水铁矿中的氢氧相的出现[27],同时,随着反应浓度的增加,这个峰越来越弱,从 C1 的 15.9% 降到了 C3 的 4.1%。

5.1.11　磁性纳米纤维的磁性分析

图 5-11 为不同浓度纳米磁性复合材料的磁滞回线。由图可知,三个样品均为铁磁性。当外磁场为 5000G 时,样品的磁化强度开始趋于饱和。由表 5-4 可知,样品随着 $CoFe_2O_4$ 含量的增加,其矫顽力和磁化强度均呈现增加的趋势。样品 C3 的矫顽力和磁化强度可达 862.63Oe 和 50.024emu/g*。

---

*　$1G=10^{-4}T, 1Oe=1Gb/cm=(1000/4\pi)A/m, 1emu/g=1Am^2/kg$。

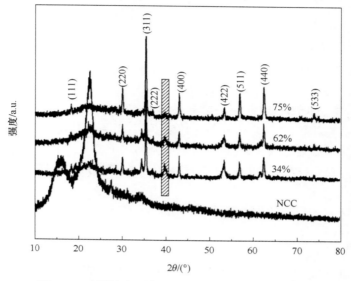

图 5-10　不同浓度下的 NCC 磁性纳米材料的 XRD 图

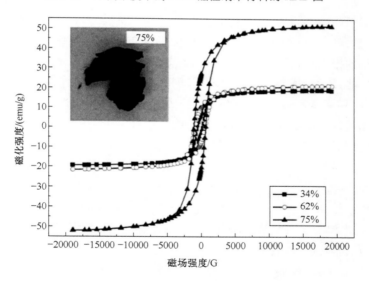

图 5-11　不同浓度下的磁性纳米材料的磁滞回线图

表 5-4　纳米磁性的材料的磁性能检测数据

样品	矫顽力/Oe	磁化强度/(emu/g)	顽磁性/(emu/g)
C1	478.51	19.211	5.8185
C2	733.63	21.466	15.8438
C3	862.63	50.024	24.074

5.1.12 小结

以 APMP 为原料,采用化学预处理,通过高强超声法制备出长丝状的纳米纤维素。APMP 经过除木素和碱处理过程,其结晶度和热稳定性得到提高;经过超声处理所制备的 NCC,其结晶度仍然有一定的提高,证明在处理过程中,无定形区去除的比例更高;同时其热稳定性稍微地降低,原因是其制备成 NCC 后纤维表面含有大量的羟基。采用 NCC 气凝胶成功地制备了 $CoFe_2O_4$ 铁氧体磁性纳米复合材料,为其在磁性材料方面以及后续的功能化的应用提供了依据。

5.2 纳米纤维素模板法制备球形介孔二氧化钛

5.2.1 引言

介孔二氧化钛(TiO_2)因其具有独特的孔道结构和特殊的物化性质,在光催化、光电转换和电极材料等方面有着广阔的应用前景[28~32]。自 Antonelli 和 Ying[33]首次采用烷基磷酸盐阴离子表面活性剂为模板,采用溶胶-凝胶法(Sol-Gel 法)直接制备合成了介孔 TiO_2 以来,对介孔 TiO_2 的性能研究已开展了大量的研究工作。已见的报道中,通常是以 CTAB、嵌段共聚物(P123)、长链胺、磷酸烷基酯以及聚乙烯醇(PEG)等做结构和形貌导向剂合成高比表面积的介孔 TiO_2[34,35]。Zhao 等[36]使用聚苯乙烯球和 P123 为双表面活性剂,采用溶胶-凝胶法制备出高度有序的介孔锐钛矿型的 TiO_2。Sheng 等[37]以 F127 和十二胺为双表面活性剂体系成功制备出多孔 TiO_2。Shamaila 等[38]以 P123 和 PEG 为模板剂,并用乙酸作为水解抑制剂制备出了具有良好热稳定性以及较高光催化活性的介孔 TiO_2。Chen 等[39]以十六烷基胺为表面活性剂,采用溶胶-凝胶法结合水热法制备出能有效地提高光电转换效率的、直径为 850nm 左右的球形介孔 TiO_2。

NCC 在水溶液中分散成一种均匀的纳米网状结构,同时其表面含有的大量羟基参与反应后,生成一个晶核从而引导晶粒自组装成具有一定形貌结构的纳米材料[40]。Dujardi 等[41]使用具有高长宽比和相对窄的粒径分布 NCC 作为模板剂,制备出一种分布均一的孔结构陶瓷材料。Shin 和 Exarhos[42]使用 NCC 作为模板剂,通过煅烧处理,制备出 5~7nm 的锐钛矿相的 TiO_2。Zhou 等[43]利用 NCC 作为形貌诱导剂,制备出方形形貌的纳米 TiO_2。

Ihara 等[44]研究表明,TiO_2 临界尺寸为 13nm 时对于实现 TiO_2 光催化剂的可见光催化活性尤为重要。以 $TiCl_4$ 为钛源,采用酸催化水解法合成的纳米 TiO_2,粒子分布在 10~13nm,是一种制备高活性纳米 TiO_2 的方法[45]。

本节以 MCC 为原料,以高强超声法制备的 NCC 作为模板剂,采用酸催化水解法制备具有球形结构的介孔 TiO_2,并对其形貌、结晶结构以及光催化活性等性质进行表征分析,并探讨以 NCC 作为模板剂制备 SP-TiO_2 形成的机理。同时探讨 NCC 作为模板剂在制备无机金属材料的应用前景,为其在后续的应用研究提供支持。

5.2.2 实验部分

1. 实验原料

微晶纤维素(MCC,标准型)、苯酚、四氯化钛、硫酸铵、盐酸、氨水、硝酸银(分析纯)、P25(分析纯)。

2. 模板剂的制备

按照 3.1.2 节的方法,将 1.0g 微晶纤维素(MCC)加入盛有 300mL 蒸馏水的烧杯中,在室温下浸泡 24h。将混合物放在冰水浴中,在超声功率为 1500W 下粉碎 10min,将所形成的悬浮液以 2000r/min 的速度离心 10min 后取上层悬浮液,然后将所得的悬浮液稀释至浓度为 0.1%,备用。

3. 二氧化钛的制备

在冰水浴和强力搅拌条件下,3.5mL $TiCl_4$ 滴加到 150mL 含有已制备的 0.1%纳米纤维素的溶液中,以 300r/min 的速度搅拌 1h,然后滴加$(NH_4)_2SO_4$和 HCl 酸催化剂,同时保持 $n(TiCl_4):n(NH_4)_2SO_4:n(H^+)=1:2:10$,控制反应温度为 5℃,继续搅拌反应 0.5h;然后将反应物加热升温到 98℃并恒温反应 1h,再以 $NH_3 \cdot H_2O$ 调节 pH 为 8 后继续反应 1h。将所制得的试样移出,室温下陈化 14h,洗涤至无 Cl^-,再用乙醇洗涤,并在 105℃真空环境下干燥 10h。将所得到的粉末以 20℃/min 的升温速度升温至 400℃、500℃、600℃、700℃、800℃和 900℃煅烧 2h 以去除 NCC,所得产物标记为 SP-T。在相同条件下,以不加 NCC 制备 TiO_2 做对比实验,记为 TiO_2-T,其中 T 代表煅烧温度。

4. 材料表征

利用扫描电子显微镜(FEI QUANTA200)观察 TiO_2 粒子形貌;利用透射电镜(FEI Tecnai G2)对 NCC 样品以及 TiO_2 进行形貌观察;利用 D/max-r B 型 X 射线衍射仪(CuKα 射线 45kV,40mA)分析 TiO_2 粉体晶型结构;利用紫外-可见漫反射光谱分析 TiO_2 的能阈结构以及对光的吸收性能,DRS 的测试在装有积分球的紫外-可见分光光度计上进行,以 $BaSO_4$(分析纯)做参比;利用全自动比表面及孔隙度分析仪(ASAP2020)测定 TiO_2 比表面积及孔容孔径,样品在液氮温度(77K)下进行 N_2 吸附;其中各种表征的制样方法参照 2.2.3 小节。

5.2.3 纳米纤维素及介孔二氧化钛形貌分析

图 5-12 为采用超声法制备的 NCC 的 TEM 图。可以看出,所制备的 NCC 的直径为 10~20nm,长度为 80~200nm,NCC 之间形成了相互交织的网状结构。

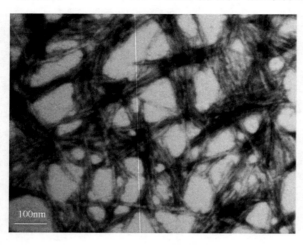

图 5-12　NCC 的 TEM 形貌图

图 5-13 为 600℃煅烧下所得 TiO_2 的 SEM 照片。TiO_2 粒子间发生了明显团聚现象且团聚体尺寸不一,其中部分团聚体的尺寸超过了 $3\mu m$。图 5-14 为 600℃煅烧下所得 SP-TiO_2 粒子间分散性较好并且颗粒呈较规则的球形结构,其直径约为 100~200nm。图 5-15 为 SP-TiO_2 的 TEM 图,从图中看出,单个球形 TiO_2 颗粒是由粒径为 10~20nm 的小晶粒组成。图 5-15(b)中的插图为球形 TiO_2 颗粒的选区电子衍射图,图中清楚地呈现出锐钛矿相结构的(101)、(004)、(200)和(105)晶面的同心衍射环[46]。

(a) 5000倍　　　　　　　　　(b) 10000倍

图 5-13　TiO_2 的 SEM 图

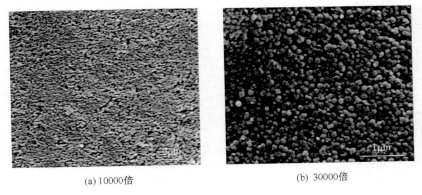

图 5-14　SP-TiO$_2$ 的 SEM 图

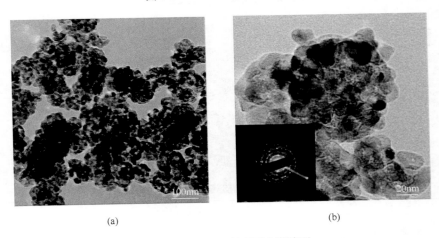

图 5-15　SP-TiO$_2$ 的 TEM 形貌图

5.2.4　介孔二氧化钛结晶结构分析

图 5-16 为不同温度煅烧下 SP-TiO$_2$ 和 TiO$_2$ 的 XRD 谱图。从图中可以看出，在煅烧温度为 700℃时，TiO$_2$ 就开始有少量金红石相出现，当温度达到 800℃时锐钛矿相已大部分转为金红石相(63%)。图 5-16(b)表明，NCC 作为模板剂所制备的 TiO$_2$，能抑制 TiO$_2$ 由锐钛矿相向金红石相的转变，当煅烧温度为 800℃时只有少量金红石相(13%)出现。表 5-5 总结了不同煅烧温度下 SP-TiO$_2$ 和 TiO$_2$ 的晶粒尺寸。从表中可以看出，在相变温度范围内，NCC 的加入能够抑制 SP-TiO$_2$ 晶粒的增长。随着煅烧温度的增加，SP-TiO$_2$ 和 TiO$_2$ 的晶粒尺寸均呈增加的趋势，但 SP-TiO$_2$ 趋缓。

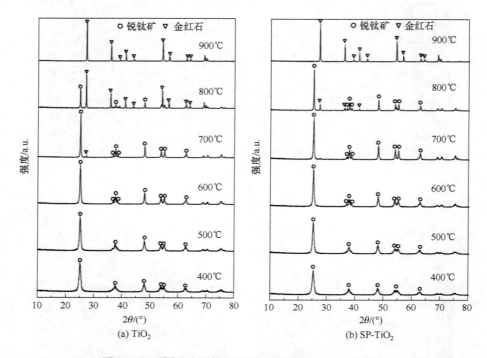

图 5-16 不同温度煅烧下 TiO$_2$ 和 SP-TiO$_2$ 的 XRD 谱图

表 5-5 不同温度煅烧下 **TiO$_2$** 和 **SP-TiO$_2$** 的晶粒尺寸

样品	晶粒尺寸 d/nm					
	400℃	500℃	600℃	700℃	800℃	900℃
TiO$_2$	10.2	13.4	17.9	31.1	38.5	48.5
SP-TiO$_2$	9.5	12.9	16.5	22.3	35.5	45.7

5.2.5 介孔二氧化钛孔结构分析

图 5-17 所示为 SP-TiO$_2$ 在 500℃、600℃和 700℃煅烧下的吸附-脱附等温线及孔容-孔径分布情况。由 SP-TiO$_2$ 的等温吸附线(图 5-17(a))可以看出,SP-TiO$_2$ 的等温吸附线为Ⅳ型[47],三个煅烧温度下的等温吸附线都含有两个滞后环。分析认为,样品的孔径具有双峰分布结构,同时呈现出明显的介孔结构特征[48]。随着煅烧温度的增加,滞后环向高相对压力的范围移动,同时滞后环逐渐变小。低相对压力范围($P/P_0=0.5\sim0.8$)的滞后环对应的是颗粒内部的孔,不同煅烧温度下的最可几孔径分别为 4.7nm、7.4nm 和 10.9nm。高相对压力范围($P/P_0=0.8\sim1.0$)的滞后环对应的是颗粒间的孔,不同煅烧温度下的最可几孔径分别为 10.8nm、14.8nm 和 22.7nm(图 5-17(b))[49]。随着煅烧温度的增加,两种类型的孔径均呈

增大的趋势,这是由于锐钛矿相晶粒的增长造成的(表 5-5)[50]。

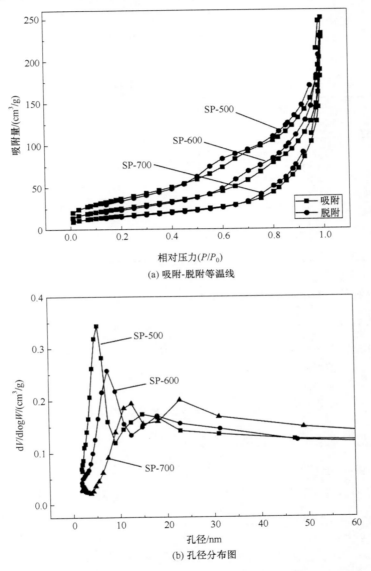

图 5-17　不同煅烧温度下 SP-TiO$_2$ 的吸附-脱附等温线及孔径分布图

表 5-6 为比表面积及孔容的数据。可以看出,SP-TiO$_2$ 在煅烧温度为 500℃时样品的比表面积和孔容积最高,分别为 134.33m^2/g 和 0.43cm^3/g,分别为相同条件下 TiO$_2$ 的 1.91 和 1.72 倍。随着煅烧温度的增加,SP-TiO$_2$ 和 TiO$_2$ 的比表面积呈下降的趋势,但可以看出,SP-TiO$_2$ 下降趋势明显慢于 TiO$_2$。SP-TiO$_2$ 在煅烧温

度为700℃下的比表面积和孔容积分别为58.55m²/g和0.36cm³/g,相同条件下,TiO_2的值仅为14.98m²/g和0.11cm³/g。此外,SP-TiO_2在600℃和700℃煅烧温度下的介孔孔容分别为0.23cm³/g和0.20cm³/g,而相同条件下,TiO_2仅为0.15cm³/g和0.062cm³/g。

表5-6　SP-TiO_2与TiO_2的比表面积及孔结构

样品	BET比表面积/(m²/g)	孔容积/(cm³/g)		平均孔径/nm
		总孔容积	介孔孔容积	
SP-500	134.33	0.43	0.28	8.21
SP-600	91.08	0.36	0.23	10.08
SP-700	58.55	0.36	0.20	13.48
TiO_2-500	70.49	0.25	0.19	11.24
TiO_2-600	46.14	0.20	0.15	12.67
TiO_2-700	14.98	0.11	0.062	16.65

5.2.6　介孔二氧化钛的漫反射光谱分析

图5-18为不同煅烧温度下SP-TiO_2光催化剂的漫反射光谱。从图中可以看出,在低于700℃煅烧时,SP-TiO_2的漫反射光谱基本上重合。当煅烧温度为800℃时吸收阈值开始向长波方向移动,并且发生了晶相转变。在900℃煅烧后,SP-TiO_2吸收边的起始点红移至410nm[51~53]。这与XRD的分析相一致,煅烧温度在700℃时,SP-TiO_2仍然能够保持良好的锐钛矿相结构。

5.2.7　介孔二氧化钛光催化活性评价

图5-19为SP-TiO_2对苯酚的光催化降解结果。由于SP-TiO_2含有相对发达的介孔结构,不同温度下制备的SP-TiO_2在30min中对苯酚的暗吸附量均高于TiO_2。除500℃制备的样品外,600℃、700℃条件下制备的SP-TiO_2光催化活性均较TiO_2和P25的高,其中600℃制备的SP-TiO_2可以在180min内实现光催化降解89%的苯酚。相比之下,TiO_2和P25的苯酚降解率分别为76%和79%。

5.2.8　介孔二氧化钛形成机理

图5-20为SP-TiO_2的形成机理图。$TiCl_4$的酸催化水解反应按下面四个步骤进行[54]：

$$TiCl_4 + H_2O \rightleftharpoons TiOH^{3+} + H^+ + 4Cl^- \tag{5-1}$$

$$TiOH^{3+} \rightleftharpoons TiO^{2+} + H^+ \tag{5-2}$$

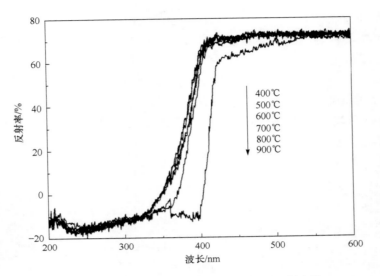

图 5-18　不同煅烧温度 SP-TiO_2 催化剂漫反射光谱

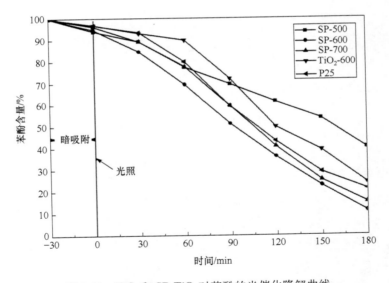

图 5-19　TiO_2 和 SP-TiO_2 对苯酚的光催化降解曲线

$$TiO^{2+} + SO_4^{2-} \underset{}{\overset{HCl}{\rightleftharpoons}} TiOSO_4 \qquad (5\text{-}3)$$

$$TiO^{2+} + H_2O \underset{}{\overset{NH_3 \cdot H_2O}{\rightleftharpoons}} TiO_2(Pre) + 2H^+ \qquad (5\text{-}4)$$

本研究条件下,当 $TiCl_4$ 加入到均匀分散的 NCC 溶液中,$TiCl_4$ 的水解产物为 $TiOH^{3+}$(式(5-1)),在大量羟基的存在下吸附于 NCC 表面(图 5-20(b))并进一步

水解生成 TiO^{2+}（式(5-2)）。加入 $(NH_4)_2SO_4$ 和 HCl 后，TiO^{2+} 与 SO_4^{2-} 反应，生成固体产物 $TiOSO_4$（式(5-3)），并在 NCC 表面上形成晶核（图 5-20(c)），同时与加入的 $NH_3 \cdot H_2O$ 反应，生成 TiO_2 前躯体（式(5-4)，图 5-20(d)）。在 TiO_2 前躯体生长的过程中，由于 NCC 长链分子结构之间的羟基键合所形成的狭小空间构成了一个纳米尺寸的微型反应器，这样可有效限制 TiO_2 前躯体的生长和团聚[43]，并诱导 TiO_2 前躯体晶粒自组装成球形结构[55,56]。最后通过高温煅烧，除去 NCC，形成 SP-TiO_2（图 5-20(e)）。

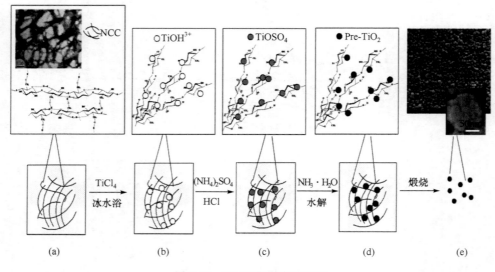

图 5-20 SP-TiO_2 形成机理图

5.2.9 小结

以 NCC 为模板剂，经酸催化水解法制得结构规整的球形结构的介孔 SP-TiO_2，其直径为 100~200nm，平均介孔孔径为 8.21~13.48nm，介孔的尺寸随煅烧温度的升高而增大。NCC 长链结构之间羟基键合所形成的狭小空间构成微反应器，可有效限制 TiO_2 前躯体的生长和团聚，并且能够诱导 TiO_2 前躯体晶粒自组装成球形结构，同时抑制由锐钛矿相向金红石相转变。相同煅烧温度下，SP-TiO_2 的比表面积和孔容积都大于 TiO_2，SP-TiO_2 最大的比表面积为 134.33m^2/g。SP-TiO_2 经 600℃ 煅烧 2h 制得的样品表现出最高活性，对苯酚的降解率为 89%。

5.3 纳米纤维素模板法制备介孔二氧化硅

5.3.1 引言

自从 1992 年 Beck[57] 和 Kresge[58] 等首次报道了介孔二氧化硅材料 M41S 以来，各个系列的介孔材料（MCM、SBA、PMOs、MSU、KIT 等）相继被合成出来。这些具有优异性能的无机介孔材料克服了微孔材料孔径尺寸不足的限制，受到众多研究者的关注[59,60]。介孔二氧化硅由于其巨大的比表面积、丰富的孔道、尺寸集中的孔结构、优异的吸附性能广泛用于催化剂载体、吸附剂、气体分离材料、光敏材料、绝热材料、环境净化功能材料、高效液相色谱填料、生物制药等领域[61~63]。

模板法是常用的介孔材料制备方法，其中超分子自组装法已成为制备介孔材料最有效的方法之一。该方法利用表面活性剂或胶体等不同类型的模板剂在前驱体溶剂中诱导形成自组装体，经过溶胶-凝胶、乳化等过程，发生界面相互作用，使得无机前驱体水解吸附在自组装体表面，最后通过煅烧或萃取等方式除去自组装体模板剂，从而得到所需的介孔材料骨架[64]。在介孔二氧化硅材料的研制中，对工艺技术要求较高，因此寻求一种绿色的、廉价易得的模板剂和简洁的制备工艺是材料研制的关键。纳米纤维素（NCC）形状规则、尺寸均一、来源广泛，在一定条件下能够与某些有机/无机化合物前驱体进行充分混合[65]，并且在空气中煅烧即可除去，工艺简单、成本较低，可用作模板剂制备具有特殊性能的纳米多孔材料。Thomas 等[66] 使用羟丙基纤维素作为模板，获得了具有高比表面积的多孔二氧化硅材料。作者课题组利用 NCC 为模板，采用酸催化水解法成功制备出球形介孔 TiO_2，产物为直径 100~200nm 的规整球形颗粒，孔径介于 8.2~13.5nm 之间[67]。

本节以 NCC 作为模板剂，以 TMOS 作为硅源，基于模板 NCC 的自组装行为制备介孔二氧化硅材料。通过调控模板 NCC 与硅源的比例，探究介孔二氧化硅的孔结构变化和对 VB12 的吸附性能。

5.3.2 实验部分

1. 实验材料

纳米纤维素采用酸水解法制备，浓度约为 1%；TMOS、TEOS（分析纯）；聚乙二醇（分析纯，相对分子质量 20000）；H_2SO_4、NaOH（分析纯）；聚苯乙烯培养皿（直径 60mm）。

2. 介孔二氧化硅的制备

将制备的 NCC 胶体溶液在功率为 500W 下超声分散 10min,加入一定量的 TMOS/TEOS,在室温下磁力搅拌 1h,使体系混合均匀,取一定量的混合体系转移至 60mm 聚苯乙烯培养皿中,在空气中自然蒸发至干,得到 NCC-SiO_2 复合膜材料。将复合膜材料置于管式炉中在空气氛围中进行煅烧:控制升温速率 5℃/min 至 100℃,保持 2h,然后以相同速率升温至 540℃保持温度煅烧 6h,自然冷却至室温得到介孔二氧化硅材料,记为 S,如图 5-21 所示。

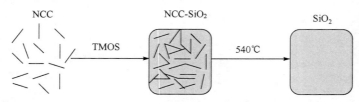

图 5-21 介孔二氧化硅制备流程图

3. 材料表征

采用 XPF-550C 型偏光显微镜(POM)、TGA Q50 型热重分析仪(TG-DTG)和 Nicolet-iS10 型傅里叶变换红外分光光谱仪(FTIR)对中间相 SiO_2 复合膜材料进行表征;采用 Quanta200 型扫描电子显微镜(SEM)、TEM 对产物的形貌进行表征;采用 ASAP2020 型比表面积测定仪对产物的孔结构进行表征分析,总比表面积由 BET 方程得到,孔体积和孔径分布由 BJH 模型处理低温氮气脱附等温线得到。

4. 介孔二氧化硅的吸附性能测试

以介孔二氧化硅为吸附剂,配制浓度为 50~800mg/L 的 VB12 溶液。取 0.02g 吸附剂(精确至 0.0001g)加入到 15mL 不同浓度的 VB12 溶液中,25℃恒温震荡 24h,用 TU1901 型双光束紫外-可见分光光度计在波长 361nm 处测得溶液的吸光度,根据标准曲线计算吸附后的 VB12 溶液的平衡浓度,按下式计算平衡吸附量:

$$Q_e = \frac{(C_0 - C_e) \times \frac{V}{1000}}{m} \tag{5-5}$$

式中,Q_e 为平衡吸附量(mg/g);V 为 VB12 溶液体积(mL);C_0 为 VB12 溶液起始浓度(mg/g);C_e 为 VB12 平衡浓度(mg/g);m 为吸附剂的质量(g)[68]。

5.3.3 纳米纤维素-二氧化硅中间相分析

浓度为3%、pH为2.4的NCC溶液与硅前驱体TMOS混合后,在室温条件下进行蒸发自组装,形成了厚度均匀的NCC-SiO$_2$薄膜。图5-22为NCC-SiO$_2$薄膜(NCC ratio:51%)的POM图、TG曲线和FTIR光谱图。根据图5-22(a)可知,NCC-SiO$_2$薄膜在偏光显微镜下呈现多彩特征,归因于模板NCC的液晶光学性质[69],并且由该图的色彩分散可知,两种物质呈均匀混合状态。分析NCC-SiO$_2$薄膜的TG曲线可知,在20～150℃范围内有一个较小的失重,对应的是样品中吸附水的去除。NCC-SiO$_2$薄膜的降解过程主要分为两个阶段,分别是150～270℃和270～540℃。在这两个阶段中,样品的热失重较大,归因于模板NCC的降解,而540℃以后样品的热失重相对较小,可知在540℃时,模板NCC的降解已经基本完成。由图5-22(c)NCC-SiO$_2$薄膜的FTIR光谱图可知,800cm^{-1}和1045cm^{-1}处为二氧化硅的Si—O特征峰,902cm^{-1}、1155cm^{-1}、1432cm^{-1}、1635cm^{-1}、2900cm^{-1}和3300cm^{-1}处为NCC的特征峰,分别对应于C—H变形振动峰、O—H变形振动峰、—CH$_2$弯曲振动峰、碳水化合物吸附水的H—O—H伸缩振动峰、C—H伸缩振动峰和O—H伸缩振动峰。因此可知,样品中具有NCC和二氧化硅两种物质;经540℃空气中煅烧6h后,模板NCC的特征峰消失,而二氧化硅的特征峰保留,说明产物为除去模板NCC的二氧化硅材料[70]。

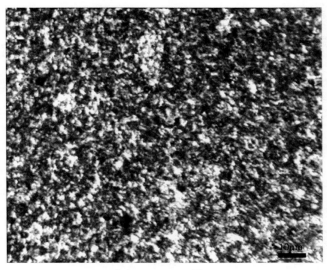

(a) POM图

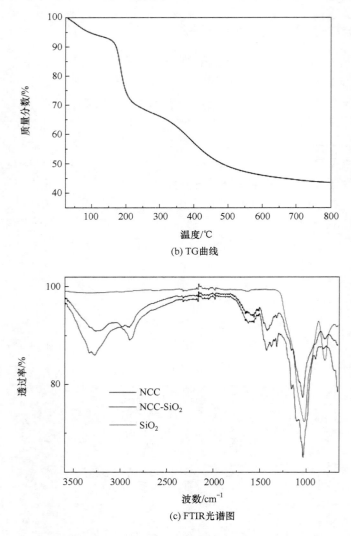

图 5-22　NCC-SiO₂ 薄膜(NCC ratio:51%)的 POM 图、TG 曲线和 FTIR 光谱图

5.3.4　介孔二氧化硅形貌结构分析

图 5-23 为样品(S4)的形貌图,产物为表面光滑的白色片状固体,厚度均匀、质地硬脆。由图 5-23(a)可知,该材料具有多层结构,这是由于混合体系在自然蒸发的过程中,模板 NCC 棒状颗粒依靠分子间作用力致使长轴平行排列而形成的层状有序结构,模板 NCC 去除后,产物仍然保留了多层排列的无机骨架结构。由图 5-23(b)可以看出,样品具备多孔特征,呈现大量的孔隙结构,孔结构为细长状,与 NCC 的形貌尺寸相近。

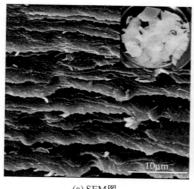 

(a) SEM图　　　　　　　　　　(b) TEM图

图 5-23　样品(S4)的 SEM 图和 TEM 图

5.3.5　样品的孔结构分析

图 5-24 为不同样品的氮气吸附-脱附等温线和孔径分布图。由图 5-24(a)可知,所有样品的吸附-脱附曲线均为Ⅳ型等温线,曲线闭合良好。当相对压力小于 0.4 时,氮气吸附量随着相对压力的升高而缓慢增加,此时氮气分子以单层或多层吸附在孔结构的表面。当相对压力大于 0.4 时,吸附-脱附曲线构成明显的 H2 型滞后环,这是因为氮气在孔内部发生了毛细凝聚现象,表明材料具有相对集中分布的介孔结构[71,72]。当相对压力增大到 1 时,样品的吸附量不同,这是因为不同的模板剂添加量对产物的孔结构有重要的影响,导致对氮气的吸附性能不同。由图 5-24(b)孔径分布图可知,样品的孔径集中分布在 4～10nm 之间,该值略小于 NCC 直径,归因于高温煅烧造成的孔结构收缩现象。

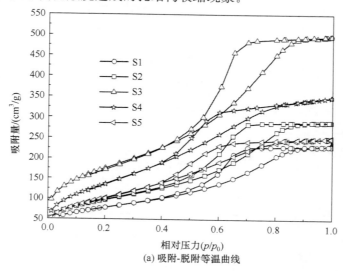

(a) 吸附-脱附等温曲线

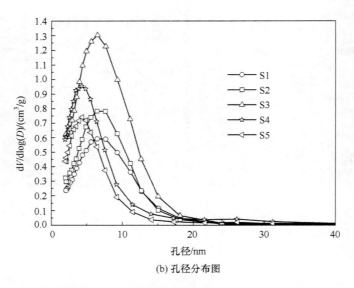

(b) 孔径分布图

图 5-24　不同样品的氮气吸附-脱附等温线和孔径分布图

表 5-7 为不同样品的孔结构参数,分析各项参数可知,随着模板 NCC 添加量的增加,样品的 BET 比表面积和总孔容积呈先增大后减小的趋势。这是因为添加量在一定范围内,NCC 可均匀分散于混合体系中,有利于形成共连续介孔结构,增加模板剂的量,产物中介孔数量增加引起 BET 比表面积和总孔容积增大;而添加量超过一定值后,在混合体系中 NCC 可能形成层状的胶束结构,不利于共连续介孔形成,导致比表面积和孔容积下降[64]。除此之外,所有样品都具有发达的介孔结构,平均孔径集中分布在 4~10nm 之间,说明本实验中所得样品均为介孔材料,与上述分析结果一致。当模板 NCC 的添加量控制在 60% 左右时,可制备出高比表面积($628.33m^2/g$)、大孔容($0.77cm^3/g$)的介孔二氧化硅材料。

表 5-7　不同样品的孔结构参数

样品	纳米纤维素质量分数/%	BET 比表面积/(m^2/g)	总孔容积/(cm^3/g)	平均孔径/nm
S1	30	278.77	0.38	5.45
S2	51	348.25	0.49	5.67
S3	60	628.33	0.77	4.89
S4	66	516.20	0.54	4.17
S5	71	380.38	0.39	4.06

5.3.6 样品的吸附性能分析

图 5-25 为介孔二氧化硅对 VB12 的吸附等温线。由图可知,随着模板剂添加量的增加,不同介孔二氧化硅对 VB12 的平衡吸附量先增加后减小,说明比表面积越高、总孔容积越大对吸附越有利。S3 因其具有高比表面积($628.33m^2/g$)、大孔容($0.77cm^3/g$),对 VB12 表现出最大的吸附性能,在 25℃ 环境中对 VB12 的平衡吸附量为 189.14mg/g。

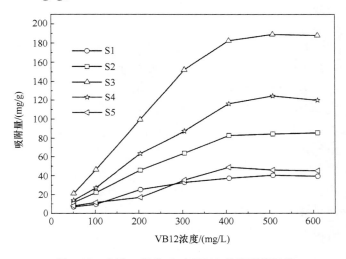

图 5-25 介孔二氧化硅对 VB12 的吸附等温线

5.3.7 小结

以 NCC 为模板,以 TMOS 为硅源,采用 NCC 自组装模板法成功制备出多孔二氧化硅材料,具有发达的介孔结构,孔径分布集中在 4～10nm 之间,为介孔材料。产物的 BET 比表面积、总孔容积随着模板剂的添加量先增大后减小,当 NCC 添加量在 60% 左右时,可制备出高比表面积($628.33m^2/g$)、大孔容($0.77cm^3/g$)的介孔二氧化硅材料。介孔二氧化硅对 VB12 的吸附性能与其孔结构有关,在 25℃ 条件下本实验中所制备的样品中对 VB12 的最大吸附性能为 189.1mg/g。

5.4 纳米纤维素模板法制备介孔炭

5.4.1 引言

多孔炭材料由于具有耐高温、耐酸碱、导电、导热等一系列优点而受到人们的密切关注,已成功应用于气体分离、水净化处理、催化剂载体、超级电容器以及燃料电池等领域[73]。其中介孔炭材料以其较高的比表面积、较窄的孔径分布、极好的化学和热稳定性,一直是材料界研究的重点,目前在净化、吸附分离、催化及电子等多个领域已被广泛应用[74]。

炭材料常见的制备方法有炭化法、物理化学活化法、催化活化法、有机凝胶炭化法和模板法。传统的炭化法和物理化学活化法容易得到微孔炭材料,且孔径分布较宽,难以控制,孔结构复杂。催化活化法制备炭材料的过程中,催化剂容易进入炭材料的内部造成产品的污染问题;有机凝胶炭化法制备工艺昂贵复杂,制约其商业化发展。相对而言,模板法制备炭材料对材料的孔径、形貌控制严格,成为最有效、最常用、最有潜力的介孔炭材料制备方法[75]。

采用模板法制备介孔炭材料,前驱体的选择至关重要[76]。常用炭前驱体有甲醛、苯酚、蔗糖、葡萄糖、木糖、糠醇、丙烯腈、酚醛树脂、乙烯、乙炔、丙烯、苯、乙酰丙酮等,也有研究者采用聚丙烯腈[77]、聚喹啉[78]等含 N 的炭前驱体实现多孔炭材料的功能化研究。在众多炭前驱体中,生物质原料因其环保、来源广泛等特点受到研究者的广泛关注,但是以 NCC 为前驱体制备介孔硅炭材料的报道较少。

本节以 NCC 作为炭前驱体,以四甲氧基硅烷(TMOS)/四乙氧基硅烷(TEOS)作为模板剂,将硅源与炭前驱体混合,通过溶胶-凝胶过程直接得到无机-有机复合物,然后采用碱熔法除去模板剂得到介孔炭材料,通过调控炭前驱体与模板剂的比例来控制材料的孔结构。

5.4.2 实验部分

1. 实验材料

纳米纤维素采用酸水解法制备,浓度约为 1%;TMOS、TEOS(分析纯);聚乙二醇(分析纯,相对分子质量 20000);H_2SO_4、NaOH(分析纯);聚苯乙烯培养皿(直径 60mm)。

2. 介孔炭的制备

将制备好的 NCC 胶体溶液在功率为 500W 下超声分散 10min,加入一定量的 TMOS/TEOS 在室温下磁力搅拌 1h 使体系混合均匀,取一定量的混合体系转移至 60mm 聚苯乙烯培养皿中,在空气中自然蒸发至干,得到 NCC-SiO_2 复合膜材料。将复合膜材料置于管式炉中在氮气氛围中进行煅烧,控制升温速率 5℃/min 升温至 100℃,保持 2h,然后以相同速率升温至 900℃ 保持温度煅烧 6h,在氮气保护下自然冷却至室温得到炭-二氧化硅复合材料。将炭-二氧化硅复合材料浸泡于 2mol/L 的 NaOH 溶液中,90℃反应 4h,除去二氧化硅模板剂,得到介孔炭材料,记为 C。其制备流程如图 5-26 所示。

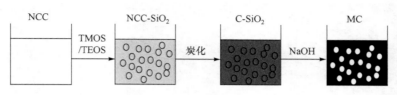

图 5-26 介孔炭制备流程图

3. 材料表征

采用 JEOL2011 型透射电镜(TEM)和 Quanta200 型扫描电子显微镜(SEM)对产物的形貌进行表征;采用 PHI5700 型 X 射线衍射仪(XRD)对产物的晶型进行分析;采用 TGA Q50 型热重分析仪(TG)对产物的热稳定性进行分析;采用 ASAP2020 型比表面积测定仪对产物的孔结构进行表征分析,总比表面积由 BET 方程得到,孔体积和孔径分布由 BJH 模型处理低温氮气脱附等温线得到。

4. 介孔炭的吸附性能测试

以介孔炭为吸附剂,配制浓度为 50~800mg/L 的 VB12 溶液。取 0.02g 吸附剂(精确至 0.0001g)加入到 15mL 不同浓度的 VB12 溶液中,25℃恒温震荡 24h,用 TU1901 型双光束紫外-可见分光光度计在波长 361nm 处测得溶液的吸光度,根据标准曲线计算吸附后的 VB12 溶液的平衡浓度,按式(5-5)计算平衡吸附量。

5.4.3 介孔炭形貌结构分析

图 5-27 为样品(C6)的形貌图,产物为表面光滑的厘米级黑色片状固体,厚度均匀、质地硬脆。观察样品的横截面 SEM 图可知,该材料具有多层结构,如图 5-27(a)所示。这是由于混合体系在自然蒸发的过程中,NCC 棒状颗粒依靠分子间作用力自组装致使长轴平行排列而形成的有序层状结构。由图 5-27(b)观察可知,材料表面具有多孔结构,放大后可看到清晰的多孔形貌。结合图 5-27(c)样品的 TEM 图可知,样品具备多孔特征,呈现大量的孔隙结构,孔结构为蠕虫状。

5.4.4 介孔炭的结晶结构和热稳定性分析

图 5-28(a)是样品(C6)的广角 XRD 曲线图。图中谱线在 22.62°和 42.96°处有两个明显的衍射峰,对应于石墨化结构的(002)和(100)晶面,样品无其他杂质峰出现,表明该样品晶型结构的无序性[79]。图 5-28(b)是样品(C6)的 TG 曲线,分析热重曲线图可知,在 20~200℃范围内有一个明显的失重(约 7%),对应的是样品中吸附水的去除。在 200~800℃范围内,样品的失重较小(4%),说明样品在 800℃以下具有良好的热稳定性。

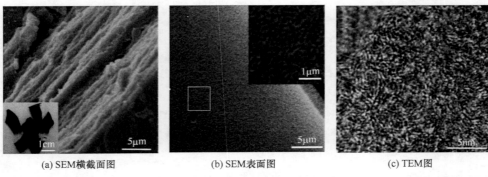

图 5-27 样品(C6)的形貌图

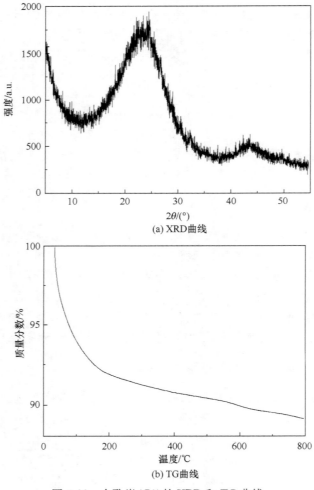

图 5-28 介孔炭(C6)的 XRD 和 TG 曲线

5.4.5 产物的孔结构分析

图 5-29 为不同样品的氮气吸附-脱附等温线和孔径分布图。由图 5-29(a)可知,所有样品的吸附-脱附曲线均为Ⅳ型等温线,曲线闭合良好。当相对压力小于 0.4 时,氮气吸附量随着相对压力的升高而缓慢增加,此时氮气分子以单层或多层吸附在孔结构的表面。当相对压力大于 0.4 时,吸附-脱附曲线构成明显的 H2 型滞后环,这是因为氮气在孔内部发生了毛细凝聚现象,表明材料具有相对集中分布的介孔结构[71,72]。当相对压力增大到 1 时,样品的吸附量不同,这是因为不同的模板剂添加量对产物的孔结构有重要的影响,导致对氮气的吸附性能不同。由图 5-29(b)孔径分布图可知,样品的孔径都集中分布在 4~10nm 之间,为典型的介孔材料。

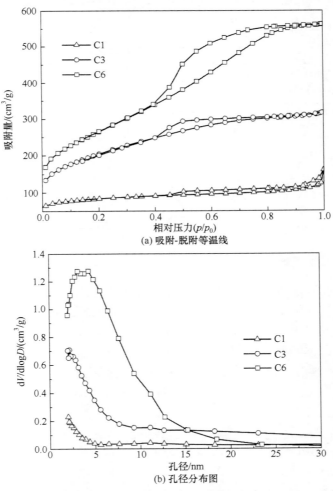

图 5-29 不同样品的氮气吸附-脱附等温线和孔径分布图

表 5-8 为不同样品的孔结构参数。分析各项参数可知,在无任何模板剂添加的情况下直接炭化 NCC 薄膜可得到比表面积、总孔容积和介孔比率都较低的多孔炭材料(C1)。TMOS/TEOS 模板剂添加后,对产物的孔结构有重要的影响,具体表现为:产物的 BET 比表面积、介孔比率和总孔容积较 C1 有了很大的提高。改变模板剂的添加量可对产物的孔结构进行调控:随着模板剂添加量的增加,样品的 BET 比表面积和总孔容积呈增大的趋势。这是因为添加量在一定范围内,模板剂可均匀分散于混合体系中,有利于形成共连续介孔结构,增加模板剂的量,产物中介孔数量增加引起 BET 比表面积和总孔容积增大[64]。除此之外,所有样品都具有发达的介孔结构,说明本实验中所得样品均为典型的介孔材料,与上述分析结果一致。当模板剂的添加量控制在 50% 左右时,采用 TMOS 和 TEOS 均可制备出高比表面积、大孔容的纯介孔炭材料,其中 TMOS 的优势更明显一些($933.90m^2/g$、$0.87cm^3/g$)。

表 5-8　不同样品的孔结构参数

样品	模板剂质量分数/%	BET 比表面积/(m^2/g)	介孔比率/%	总孔容积/(cm^3/g)	模板类型	平均孔径/nm
C1	0	266.2	46	0.31	—	4.72
C2	21	493.1	62	0.30	TEOS	2.43
C3	44	702.6	84	0.49	TEOS	2.79
C4	54	846.5	82	0.77	TEOS	3.63
C5	30	750.7	90	0.68	TMOS	3.65
C6	44	933.9	90	0.87	TMOS	3.73

5.4.6　产物的吸附性能分析

当吸附剂以物理吸附为主时,其孔结构对吸附性能有重要的影响。VB12 为球形生物分子($M_w=1355.38$),尺寸约为 2.09nm,根据上述分析可知,本实验制备的介孔炭符合对 VB12 吸附的条件[80]。图 5-30 为介孔炭对 VB12 的吸附等温线图,由图可知,不同介孔炭材料对 VB12 表现出不同的吸附性能,比表面积越高、总孔容积越大对吸附越有利。C6 因其具有高比表面积($933.90m^2/g$)、大孔容($0.87cm^3/g$)对 VB12 表现出最大的吸附性能,在 25℃ 环境中对 VB12 的平衡吸附量为 336.5mg/g。

5.4.7　小结

以 NCC 为炭前驱体,以 TMOS/TEOS 为模板剂采用 NCC 自组装法成功制备出多孔炭材料。产物具备多层特征和发达的介孔结构,热稳定性良好,孔径分布

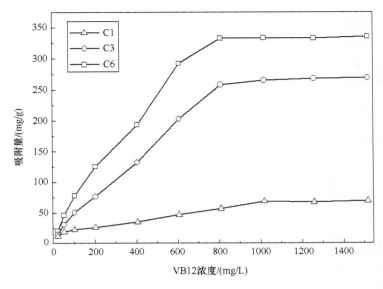

图 5-30　不同介孔炭对 VB12 的吸附等温线

集中在 4~10nm 之间，为典型的介孔材料。产物的 BET 比表面积、总孔容积随着模板剂的添加量呈增大趋势，当模板剂添加量在 50% 左右时，可制备出高比表面积($933.90m^2/g$)、大孔容($0.87cm^3/g$)的介孔炭材料，在 25℃ 环境中对 VB12 的平衡吸附量为 336.5mg/g。

参 考 文 献

[1] Yang G H, Lucia L A, Chen J C, et al. Effects of enzyme pretreatment on the beatability of fast-grawing poplar APMP pulp. Bioresources, 2010, 6(3):2568-2580

[2] Veverka M, Veverka P, Kaman O. Magnetic heating by cobalt ferrite nanoparticles. Nanotechnology, 2007, 18(34):1-7

[3] Gu B X. Magnetic properties and magneto-optical effect of $Co_{0.}Fe_2O_4$ nanostructured films. Applied Physics Letters, 2003, 82(21):3707-3709

[4] Mata-Zamora M E, Montiel H, Alvarez G. Microwave non-resonant absorption in fine cobalt ferrite particles. Journal of Magnetism and Magnetic Materials, 2007, 316(2):532-534

[5] Bhame S D, Joya P A. Tuning of the magnetostrictive properties of $CoFe_2O_4$ by Mnsubstitution for Co. Journal of Applied Physics, 2006, 100, 113911-14

[6] Gul I H, Abbasi A Z, Amin F. Structural, magnetic and electrical proper ties of $Co_{1-x}Zn_xFe_2O_4$ synthesized by co-precipitation method. Journal of Magnetism and Magnetic Materials, 2007, 311:494-499

[7] Mackay M E, Tuteja A, Duxbury P M, et al. General strategies for nanoparticle dispersion. Science, 2006, 311:1740-1743

[8] Prozorov T, Prozorov R, Gedanken A. Does the self-assembled coating of magnetic nanoparticles cover individual particles or agglomerates. Advanced Materials, 1998, 10: 1529-1532

[9] Zhao Y, Thorkelsson K, Mastroianni A J, et al. Small-molecule-directed nanoparticle assembly towards stimuliresponsive nanocomposites. Nature Materials, 2009, 8: 979-985

[10] Lin Y, Boker A, He J B, et al. Self-directed self-assembly of nanopartidcle/copolymer mixtures. Nature, 2005, 434: 55-59

[11] Belford D S, Myers A, Preston R D. A study of the ordered adsorption of metal ions on the surface of cellulose microfibrils. Biochimica et Biophysica Acta, 1959, 34: 47-57

[12] Olsson R T, Salazar-Alvarez G, Hedenqvist M S, et al. Controlled synthesis of near-stoichiometric cobalt ferrite nanoparticles. Chemistry of Materials, 2005, 17: 5109-5118

[13] Chen W S, Yu H P, Liu Y X, et al. Individualization of cellulose nanofibers from wood using high-intensity ultrasonication combined with chemical pretreatments. Carbohydrate Polymers, 2011, 83: 1804-1811

[14] Beck-Candanedo S, Roman M, Gray D G. Effect of reaction conditions on the properties and behavior of wood cellulose nanocrystal suspensions. Biomacromolecules, 2005, 6: 1048-1054

[15] Bondeson D, Mathew A, Oksman K. Optimization of the isolation of nanocrystals from microcrystalline cellulose by acid hydrolysis. Cellulose, 2006, 13: 171-180

[16] Alemdar A, Sain M. Isolation and characterization of nanofibers from agricultural residues-Wheat straw and soy hulls. Bioresource Technology, 2008, 99(6): 1664-1671

[17] Sain M, Panthapulakkal S. Bioprocess preparation of wheat straw fibers and their characterization. Industrial Crops and Products, 2006, 23(1): 1-8

[18] Sun R C, Tomkinson J, Wang Y X, et al. Physico-chemical and structural characterization of hemicelluloses from wheat straw by alkaline peroxide extraction. Polymer, 2000, 41(7): 2647-2656

[19] Wang N, Ding E Y, Cheng R S. Thermal degradation behaviors of spherical cellulose nanocrystals with sulfate groups. Polymer, 2007, 48(12): 3486-3493

[20] Li W, Yue J Q, Liu S X. Preparation of nanocrystalline cellulose via ultrasound and its reinforcement capability for poly(vinyl alcohol) composites. Ultrasonics Sonochemistry, 2012, 19: 479-485

[21] Cintas P, Luche J L. Green chemistry: The sonochemical approach. Green Chemistry, 1999, 1: 115-125

[22] Sakurada I, Nukushina Y, Ito T. Experimental determination of the elastic modulus of crystalline regions in oriented polymers. Journal of Polymer Science, 1962, 57(165): 651-660

[23] Hamad W. On the Development and applications of cellulosic nanofibrillar and nanocrystalline materials. The Canadian Journal of Chemical Engineering, 2006, 84(10): 513-519

[24] Wang S Q, Cheng Q Z. A novel process to isolate fibrils from cellulose fibers by high-intensity ultrasonication, part 1: process optimization. Journal of Applied Polymer Science, 2009, 113: 1270-1275

[25] Glasser W G, Taib R, Jain R K, et al. Fiber-reinforced cellulosic thermoplastic composites. Journal of Applied Polymer Science, 1999, 73: 1329-1340

[26] Olsson R T, Salazar-Alvarez G, Hedenqvist M S, et al. Controlled synthesis of near-stoichiometric cobalt ferrite nanoparticles. Chemistry of Materials, 2005, 17: 5109-5118

[27] Olsson R T, Azizi Samir M A S, Salazar-Alvarez G S, et al. Making flexible magnetic aerogels and stiff magnetic nanopaper using cellulose nanofibrils as templates. Nature Nanotechnology, 2010, 5: 584-588

[28] 李伟, 赵莹, 刘守新. 以纳米微晶纤维素为模板的酸催化水解法制备球形介孔 TiO_2. 催化学报, 2012, 33, 342-347

[29] Sakurada I, Nukushina Y, Ito, T. Experimental determination of the elastic modulus of crystalline regions in oriented polymers. Journal of Polymer Science, 1962, 57(165): 651-660

[30] Pan J H, Zhao X S, Lee W I. Block copolymer-templated synthesis of highly organized mesoporous TiO_2-based films and their photoelectrochemical applications. Chemical Engineering Journal, 2011, 170: 363-380

[31] Zhang Q, Li W, Liu S X. Controlled fabrication of nanosized TiO_2 hollow sphere particles via acid catalytic hydrolysis/hydrothermal treatment. Powder Technology, 2011, 212: 145-150

[32] 沈俊, 田从学, 张昭. 介孔二氧化钛的非有机模板剂法合成. 催化学报, 2006, 11: 949-951

[33] Antonelli D, Ying J Y. Synthesis of hexagonally packed mesoporous TiO_2 by a modified sol-gel method. Angewandte Chemie International Edition, 1995, 34: 2014-2017

[34] Yang P D, Zhao D Y, Margolese D I, et al. Generalized syntheses of large-pore mesoporous metal oxides with semicrystalline frameworks. Nature, 1998, 396: 152-155

[35] Yusuf M, Imai H, Hirashima H. Preparation of mesoporous titania by templating with polymer and surfactant and its characterization. Journal of Sol-Gel Science and Technology, 2003, 28: 97-104

[36] Zhao L L, Yu Y, Song L X, et al. Preparation of mesoporous titania film using nonionic triblock copolymer as surfactant template. Applied Catalysis A: General, 2004, 263: 171-177

[37] Sheng Q, Cong Y, Yuan S, et al. Synthesis of bi-porous TiO_2 with crystalline framework using a double surfactant system. Microporous and Mesoporous Materials, 2006, 95: 220-225

[38] Shamaila S, Sajjad A K L, Chen F, et al. Mesoporous titania with high crystallinity during synthesis by dual template system as an efficient photocatalyst. Catalysis Today, 2011, 175, 568-575

[39] Chen D H, Huang F Z, Cheng Y B, et al. Mesoporous anatase TiO_2 beads with high surface areas and controllable pore sizes: a superior candidate for high-performance dyesensitized solar cells. Advanced Materials, 2009, 21: 2206-2210

[40] Marques P A A P, Trindade T, Neto C P. Titanium dioxide/cellulose nanocomposites prepared by a controlled hydrolysis method. Composites Science and Technology, 2006, 66: 1038-1044

[41] Dujardin E, Blaseby M, Mann S. Synthesis of mesoporous sillca by sol-gel mineralization of cellulose nanorod nematic suspensions. Journal of Materials Chemistry, 2003, 13(4): 696-699

[42] Shin Y, Exarhos G J. Template synthesis of porous titania using cellulose nanocrystals. Materials Letters, 2007, 61(11-12): 2594-2597

[43] Zhou Y, Ding E Y, Li W D. Synthesis of TiO_2 nanocubes induced by cellulose nanocrystal (CNC) at low temperature. Materials Letters, 2007, 61: 5050-5052

[44] Ihara T, Miyoshi M, Iriyama Y, et al. Visible-light-active titanium oxide photocatalyst realized by an oxygen-deficient structure and by nitrogen doping. Applied Catalysis B: Environmental, 2003, 42: 403-409

[45] 刘守新, 陈孝云, 陈曦. 酸催化水解法制备可见光响应 N 掺杂纳米 TiO_2 催化剂. 催化学报, 2006, 8: 697-702

[46] Parida K M, Naik B. Synthesis of mesoporous $TiO_{2x}N_x$ spheres by template free homogeneous co-precipitation method and their photo-catalytic activity under visible light illumination. Journal of Colloid and Interface Science, 2009, 333: 269-276

[47] Yu J G, Wang G H, Cheng B, et al. Effects of hydrothermal temperature and time on the photocatalytic activity and microstructures of bimodal mesoporous TiO_2 powders. Applied Catalysis B: Environmental, 2007, 69: 171-180

[48] Yu J G, Yu J C, Ho W K, et al. Effects of alcohol content and calcination temperature on the textural properties of bimodally mesoporous titania. Applied Catalysis A: General, 2003, 255: 309-320

[49] Kumar K N P, Kumar J, Keizer K. Effect of Peptization on densification and phase-transformation behavior of sol-gel-derived nanostructured titania. Journal of the American Ceramic Society, 1994, 77: 1396-1400

[50] Yu J C, Yu J G, Ho W K, et al. Effects of F-doping on the photocatalytic activity and microstructures of nanocrystalline TiO_2 powders. Chemistry of Materials, 2002, 14: 3808-3816

[51] Liu S X, Chen X Y, Chen X. A TiO_2/AC composite photocatalyst with high activity and easy separation prepared by a hydrothermal method. Journal of Hazardous Materials, 2007, 143: 257-263

[52] 陈孝云, 刘守新, 陈曦. 活性炭修饰对 TiO_2 形态结构及光催化活性的影响. 应用化学, 2006, 11: 1218-1222

[53] 张青红, 高濂, 郭景坤. 量子尺寸氧化钛纳米晶的制备及其光谱研究. 无机材料学报, 2000, 10: 929-934

[54] 高濂, 郑珊, 张青红. 纳米氧化钛光催化材料及应用. 北京: 化学工业出版社, 2003: 60

[55] 李晓辉, 陈孝云, 刘守新, 等. 纳米 TiO_2 光催化剂的酸催化水解合成与表征. 应用化学, 2007, 11: 1279

[56] Gao F, Lu Q Y, Meng X K, et al. Synthesis of nanorods and nanowires using biomolecules under conventional-and microwave-hydrothermal conditions. Journal of Materials Science,

2008,43:2377-2386

[57] Beck J S,Vartuli J C,Roth W J,et al. A new family of mesoporous molecular sieves prepared with liquid crystal templates. Journal of the American Chemical Society,1992,114(27):10834-10843

[58] Kresge C T,Leonowicz M E,Roth W J,et al. Ordered mesoporous molecular sieves synthesized by a liquid-crystal template mechanism. Nature,1992,359(6397):710-712

[59] Hudson S,Cooney J,Hodnett B K,et al. Chloroperoxidase on periodic mesoporous organosilanes:immobilization and reuse. Chemistry of materials,2007,19(8):2049-2055

[60] Qiao S Z,Yu C Z,Xing W,et al. Synthesis and bio-adsorptive properties of large-pore periodic mesoporous organosilica rods. Chemistry of materials,2005,17(24):6172-6176

[61] Sun Z,Deng Y,Wei J,et al. Hierarchically ordered macro-/mesoporous silica monolith:tuning macropore entrance size for size-selective adsorption of proteins. Chemistry of Materials,2011,23(8):2176-2184

[62] Ma Y,Xing L,Zheng H,et al. Anionic-cationic switchable amphoteric monodisperse mesoporous silica nanoparticles. Langmuir,2010,27(2):517-520

[63] Zheng H,Wang Y,Che S. Coordination bonding-based mesoporous silica for pH-responsive anticancer drug doxorubicin delivery. The Journal of Physical Chemistry C,2011,115(34):16803-16813

[64] 郭兴忠,单加琪,丁力,等. 阶层多孔二氧化硅块体材料的制备与表征. 无机化学学报,2015,31(4):635-640

[65] Shin Y,Bae I T,Arey B W,et al. Simple preparation and stabilization of nickel nanocrystals on cellulose nanocrystal. Materials Letters,2007,61(14):3215-3217

[66] Thomas A,Antonietti M. Silica nanocasting of simple cellulose derivatives:towards chiral pore systems with long-range order and chiral optical coatings. Advanced Functional Materials,2003,13(10):763-766

[67] 李伟. 纳米纤维素超声辅助法制备及性能研究. 哈尔滨:东北林业大学博士论文,2012

[68] Wang S,Li H. Dye adsorption on unburned carbon:kinetics and equilibrium. Journal of Hazardous Materials,2005,126(1):71-77

[69] 廖博,李筱芳. 纤维素共混型液晶的光学性能与结构. 化学学报,2010,68(11):1119-1122

[70] Shopsowitz K E,Qi H,Hamad W Y,et al. Free-standing mesoporous silica films with tunable chiral nematic structures. Nature,2010,468(7322):422-425

[71] Huang C H,Doong R A. Sugarcane bagasse as the scaffold for mass production of hierarchically porous carbon monoliths by surface self-assembly. Microporous and Mesoporous Materials,2012,147(1):47-52

[72] 陈亮,张睿,龙东辉,等. 炭二氧化硅复合气凝胶的合成及结构分析. 无机材料学报,2009,24(4):690-694

[73] 李娜,王先友,易四勇,等. 模板法制备中孔碳材料. 化学进展,2008,20(7):1202-1207

[74] 李剑,王杉,谭晓宇,等. 介孔炭的合成及应用研究进展. 化学工业与工程,2010,27(3):278-282

[75] 吴小辉,洪孝挺,南俊民,等. 模板法合成多孔炭材料的研究现状. 材料导报,2012,26(7):61-65
[76] 宋怀河,李丽霞,陈晓红. 有序介孔炭的模板合成进展. 新型炭材料,2007,21(4):374-383
[77] Lu A,Kiefer A,Schmidt W,et al. Synthesis of polyacrylonitrile-based ordered mesoporous carbon with tunable pore structures. Chemistry of materials,2004,16(1):100-103
[78] Kim W,Joo J B,Kim N,et al. Preparation of nitrogen-doped mesoporous carbon nanopipes for the electrochemical double layer capacitor. Carbon,2009,47(5):1407-1411
[79] 王凯,张莉,高源,等. 模板法制备有序介孔炭及其超电性能研究. 功能材料,2013,44(1):136-138
[80] Guo Z,Zhu G,Gao B,et al. Adsorption of vitamin B12 on ordered mesoporous carbons coated with PMMA. Carbon,2005,43(11):2344-2351

第6章 纳米纤维素手性向列型液晶相结构的应用

6.1 引　言

NCC 在一定的浓度状态下,可以自行组装形成一种介于液体和晶态之间的有序的液晶相。这种液晶相结构被称为溶致手性向列型液晶,也称为胆甾型溶致液晶。NCC 的手性向列液晶可用于制备高强度、高模量和具有特殊光学性质的膜材料,为未来制备可折叠的液晶显示器提供了极为广阔的应用途径[1~8]。这种具有手性向列液晶相的特点,也可以作为一种优良的模板剂定向制备多种介孔,以及介孔-微孔等纳米半导体材料,用于手性催化、手性分离、催化剂载体以及传感器等领域。自 Marchessault 等于 1959 年在 *Nature* 上发表了 NCC 悬浮液存在双光折射现象以来,这种既能够显示溶致性液晶相,又显示热致性液晶相的胆甾型的液晶相结构受到了越来越多的关注[9]。Werbowyj 等首先报道了在羟丙基纤维素水溶液中,在浓度足够大时观察到了胆甾型液晶相的存在[10]。Revol 等在研究中发现,NCC 悬浮液能够形成胆甾型液晶,并成功制备出具有胆甾型液晶性质的 NCC 薄膜[11]。

纳米组装材料能展现出单个个体所不具备的独特性质。近年来,以 NCC 为基础的组装材料的研制和应用成为各领域研究的热点和难点,其中 Gray 和 Araki 领导的研究小组分别对 NCC 手性向列液晶相的组装原理展开了系统的研究,MacLachlan 研究组对 NCC 手性向列结构的应用作出了重要的贡献[12~20]。

6.2 纳米纤维素手性向列液晶相

6.2.1 纳米纤维素液晶相的形成机制

高分子液晶是在一定条件下能以液晶态存在的高分子化合物,其特点是具有较高的相对分子质量和液态下分子的取向有序及位置有序。液晶高分子的特征有序性,将赋予材料特有的光学性质、机械性能和良好加工性。依据液晶高分子在空间排列的有序性不同,液晶高分子可分为向列型、近晶型、胆甾型三种不同的结构类型[21],如图 6-1 所示。具有超分子效应的 NCC 也具备形成有序液晶相的条件,在发现纤维素悬浮液能够形成液晶相的几十年后,Revol 等[11]才发现纤维素可以形成稳定的溶致手性向列型液晶相结构。

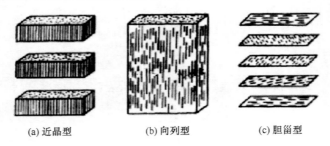

图 6-1　近晶型、向列型和胆甾型液晶的结构示意图

硫酸水解得到的 NCC 表面带有少量电荷,颗粒之间因表面电荷产生的静电斥力以及其他分子间作用力导致棒状 NCC 能够稳定地分散于水溶液中。在水相体系中,受静电斥力等分子间作用力的影响,棒状 NCC 进行自组装排列,当浓度达到某一临界值时可以形成一种介于液体和晶态之间的手性向列型有序液晶相,并且分子间形成不可逆的氢键,使得有序液晶相能够稳定存在,此时的浓度称为相分离的临界浓度[22~24]。关于 NCC 手性向列型液晶相形成的原因有两种解释:①颗粒的几何螺旋扭转;②表面电荷的螺旋分布。Araki 等[25]用既能够形成向列型液晶相又能形成手性向列型液晶相的细菌纤维素作为研究对象,通过一系列研究表明,颗粒的几何螺旋扭转是形成手性向列型液晶相结构的起因。

溶致型液晶相的形成过程中存在两个临界浓度,分别为各向异性相析出浓度 C_a 和各向异性相转变完成浓度 C_i。当溶液浓度大于 C_a 时,各向异性的液晶相开始出现;当溶液浓度介于 C_a 和 C_i 之间时,各向异性的液晶相和各向同性相共存,即相分离,相分离的出现也就意味着液晶相的出现。当溶液浓度大于另一临界浓度 C_i 后,溶液形成单一的各向异性相,如图 6-2 所示。Mu 等[26]通过向 NCC 溶液中加入 D-(+)-葡糖糖的实验研究了 NCC 悬浮液中手性向列型液晶相形成的过程,研

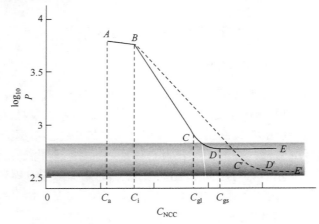

图 6-2　螺距随 NCC 溶液浓度的变化示意图[26]

究者将蒸发过程中 NCC 悬浮液的相转变过程分为两个阶段,即两相共存和各向异性相的转变完成,而低浓度时各向同性相中水分的蒸发不作单独探讨。

Dumanli 等[27]在控制湿度的条件下,研究了 NCC 悬浮液蒸发过程中相分离以及手性结构的变化。研究者将 NCC 悬浮液蒸发自组装过程分为三个阶段,分别为各向同性相中水分的蒸发阶段、两相共存阶段和各向异性相的转变完成阶段。在第三个阶段中,NCC 浓度随着水分的继续蒸发而不断增加,有序排列更加紧密导致手性结构的螺距不断减小;当各向异性的玻璃态体系中水分的含量低于 4%时,棒状 NCC 不再进行组装排列运动,手性结构的螺距变化不大,形成了具有手性结构的纤维素固体薄膜[28]。

6.2.2 纳米纤维素液晶相的结构特征

NCC 与其他的纤维素材料具有相同的化学结构,主要构成仍是醚键、碳-碳键、碳-氢键、羟基等,但 NCC 的光学性质与其他纤维素材料有很大的差异,主要体现在两个方面:①各向异性和双折射效应;②液晶性。

具有各向异性相的 NCC 悬浮液在偏光显微镜(POM)视野中可观察到平面织构或指纹织构。平面织构中,NCC 排列形成的螺旋轴垂直于基片,大分子链所在的分子层则与它平行,POM 视野中可观察到双折射特征[13]。指纹织构中,NCC 排列形成的螺旋轴平行于基片,大分子链所在的分子层则与它垂直,POM 视野中可观察到明暗相间的指纹织构[29],指纹织构的出现是材料具有手性结构的重要判据[30,31],如图 6-3 所示。

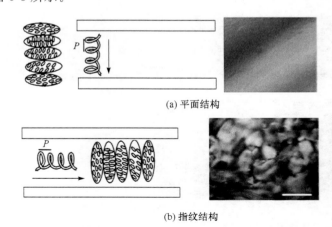

(a) 平面结构

(b) 指纹结构

图 6-3 平面织构[13]和指纹织构[29]中纤维素大分子的排列

对于 NCC 液晶相虹彩特征的解释,存在两种理论:①布拉格反射;②双折射。研究者常用布拉格反射来解释 NCC 液晶的虹彩性质,指出棒状 NCC 自组装形成的特殊织构由于布拉格反射会出现虹彩特征[13]。根据布拉格公式：$\lambda = nP\sin\varphi$（其中，λ 为反射光波长，φ 为入射角，n 为平均折射率，P 为螺距），研究者认为，随着入射角、螺距和折射率的变化会反射在可见光范围内的不同波长的光，因此呈现出不同的颜色变化[32]。近年来，Majoinen 等[33]对 NCC 手性薄膜的虹彩性质研究给予另外一种解释，认为这种特殊的光学性质源于 NCC 薄膜中手性结构对光的干扰产生的双折射特性。一定条件下，NCC 形成的固体手性薄膜具有明显的虹彩性质，但其手性结构的螺距一般介于 1~2μm 之间，该值大于可见光的反射波长（400~800nm），而 NCC 悬浮液的液晶性与双折射性质有关，当溶液浓度达到溶致型液晶浓度时，NCC 的定向排列会产生肉眼可见的双折射现象，并且这种各向异性的双折射现象在较厚的膜中表现更明显[34]。

具有手性向列型液晶相结构的 NCC 胶状溶液经缓慢蒸发后形成透明的固体薄膜，在这种固体薄膜中，NCC 手性向列螺旋结构得以保留，在高倍扫描电子显微镜（SEM）视野下，可观察到棒状 NCC 排列成有序多层状，形成长程特定左旋手性结构，其圆二色谱（CD）呈现强的左旋信号，选择性反射左旋偏振光[35,36]，如图 6-4 所示。

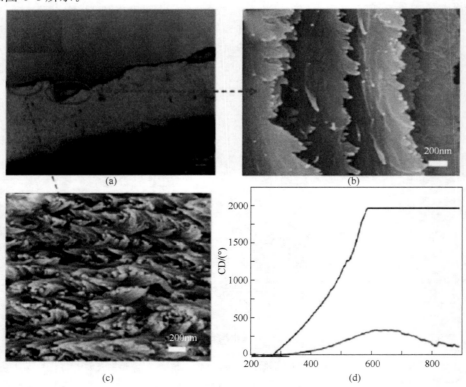

图 6-4 NCC 薄膜的形貌和圆二色谱图[35]

6.3 纳米纤维素自组装行为的调控

在 NCC 自组装行为的调控中,液晶相形成的临界浓度和结构特征是两个重要参数[37],高度依赖于 NCC 的结构、性质及环境条件[38~40]。

6.3.1 纳米纤维素的性质

采用硫酸水解法制备 NCC,得到的棒状 NCC 表面带有少量电荷,具有聚电解质性质[16]。一定浓度的 NCC 悬浮液在无任何外界条件干扰下可自组装形成手性向列型液晶相结构,其临界浓度和螺距在很大程度上取决于颗粒的性质,如 NCC 的长径比、表面电荷等[19,41]。美国物理学家 Onsager 最先分析了高度非等轴颗粒的相分离,认为对于电中性长为 L、直径为 D 的刚棒状颗粒而言,有序相形成的临界浓度仅取决于棒状颗粒的长径比 L/D。研究表明,对于有效直径较小、单分散性较好的 NCC 而言,在水分挥发浓度增加的过程中其各向异性相析出越慢,即手性向列型液晶相形成的临界浓度越高。Stroobants、Lekkerkerker 和 Odijk (SLO) 等在此基础上又提出了带电棒状颗粒的相分离理论,引入了两个因素:由静电排斥产生的扭转因素和有效直径,认为棒状颗粒的有效直径会改变自由能,而静电排斥作用影响颗粒在垂直方向上的取向,被度量成扭转因素[21,42]。通常情况下,制备条件对 NCC 性质起决定作用,因此可通过对水解条件的调控得到所需 NCC 溶液,从而控制液晶相形成的临界浓度和结构[43]。Bai 等[44]采用一种特殊的离心技术成功制得尺寸分布较窄的棒状 NCC。Lima[13]等利用梯度超速离心法实现了被囊动物纤维素棒状颗粒的分级。Beck 等[29]采用酸水解的方法制备 NCC 溶液,研究了水解时间和酸质比对 NCC 性质的影响,得出结论:增加水解时间和酸质比,NCC 尺寸变短,手性向列型液晶相析出的临界浓度增加,双相范围较窄。

6.3.2 离子强度

经硫酸水解后的 NCC 颗粒因为表面硫酸酯基的作用通常带有负电荷,在纯净的 NCC 水相体系中,悬浮液的离子强度取决于 NCC 表面电荷量。NCC 表面电荷随硫酸酯基的水解逐渐降低导致悬浮液的离子强度增加,对体系的稳定性、分散性以及液晶相有着重要的影响[45]。在 NCC 水相体系中添加电解质能够改变其离子强度,从而实现对 NCC 液晶相的临界浓度和结构的控制[46,47]。Revol 等[48]研究表明,在 NCC 溶液中添加电解质,对 NCC 表面的硫酸酯基团产生的负电荷起屏蔽作用,导致颗粒之间的静电斥力减小,从而导致手性结构的螺距减小,光学性质出现蓝移现象。

Dong 等[49]研究发现,酸水解制得的 NCC 悬浮液的液晶相与 NCC 性质和外加电解质(HCl、NaCl、KCl)浓度有关。当NCC悬浮液浓度或离子强度增加时,共存的两相浓度都增加,但是各向异性相中手性向列型液晶相结构的螺距减小。该研究者又系统地分析了一价无机反离子(H^+、Na^+、K^+、Cs^+)、弱有机反离子、强有机反离子对相分离的影响。实验结果表明,一价无机反离子相分离的趋势大小为S-H>S-Na>S-K>S-Cs,一价弱有机反离子相分离趋势为S-NH_4>S-Tri-MA>S-Tri-EA;对于一价强有机反离子,相分离的趋势会随着有机链的增长而降低,趋势大小为S-TMA>S-TEA≅S-TBA>S-TPA。研究还表明,二价反离子Ca^{2+}、Ba^{2+}等对相分离的影响比一价离子更加敏感[21]。

Edgar和Beck等[32,50]在研究NCC薄膜手性结构的调控过程中,向NCC手性向列型液晶相体系中添加电解质来改变手性结构的螺距,控制薄膜的光学性质向长波或者短波方向移动,并且实验数据表明,随着电解质浓度的增大,NCC悬浮液的离子强度增加,薄膜中手性结构的螺距呈减小的趋势。

6.3.3 超声辅助

超声波所产生的空化效应被广泛用于物理和化学体系中[51],其作用机理是在液相状态下,由于超声作用产生气泡,气泡生长变大并发生内爆破,从而加速化学反应的速度。目前,超声波在制备NCC的过程中,大多是用于辅助改善酸水解制备NCC后悬浮液的分散性[52]。Beck等[50]发现对NCC胶状溶液进行超声处理能够改变手性向列型液晶相结构的螺距,使得干燥后NCC薄膜的反射波长向长波方向移动。因此,利用NCC悬浮液制备具有虹彩性质的薄膜时,可通过添加电解质配合超声辅助的方式对手性结构的螺距进行调控,以此控制薄膜的反射波长,得到光学性质可控的纤维素薄膜材料。Chen等[35]采用真空辅助自组装的方法制备了具有虹彩特征的纤维素薄膜材料,研究了超声时间对薄膜手性结构的影响,如图6-5所示。结果表明,短时间超声得到的纤维素薄膜其有序性差,延长超声时间有助于形成大面积、高度有序、光滑的虹彩薄膜。当超声时间大于10h时,虹彩薄膜的紫外-可见光谱在300~800nm处具有明显的反射峰。

6.3.4 温度调控

棒状NCC在自组装的过程中,温度条件对自组装动力学行为和热力学行为有着重要的影响,控制蒸发自组装过程中的温度条件能够得到性质不同的纤维素薄膜,该薄膜的光学特征也会发生改变。Beck等[38]对NCC胶状溶液的蒸发自组装过程进行温度调控得到了厚度和螺距不同的手性薄膜,认为升高环境温度能够改变NCC胶状溶液的蒸发速率和热力学行为,从而形成厚度较大、螺距长的手性薄膜,并且对蒸发自组装过程进行单纯的温度控制,能够得到红移和分区更加明显的手性薄膜。Giese等[53]采用NCC模板得到的手性有机二氧化硅为研究对象,将

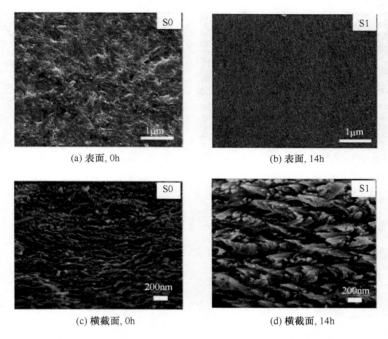

图 6-5 不同超声时间下 NCC 固体薄膜的 SEM 图[35]

材料浸泡在 4′-正辛基-4-氰基联苯(8CB)中,制得含 8CB 的手性复合材料,并控制环境中的温度条件对其光学性质进行测试。结果表明,当温度在 37～42℃时,其紫外-可见透射光谱在 550nm 处出现最强的吸收信号,当温度升至 47℃时,吸收信号消失,光谱呈扁平状,复合材料在自然光下反射绿色的光学特征消失。复合材料经缓慢冷却后,其紫外-可见透射光谱性质逐渐恢复原型,但伴随轻微的滞后现象[54],如图 6-6 所示。

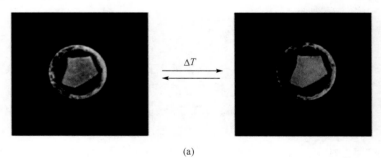

(a)

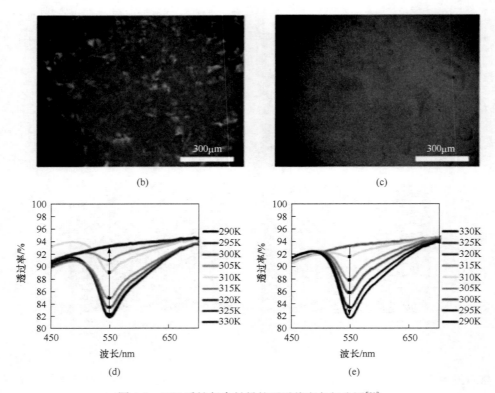

图 6-6 8CB 手性复合材料的可逆热变色行为图[53]

6.3.5 添加剂

在 NCC 悬浮液中添加中性的分散剂,对悬浮液的离子强度不产生影响,但分散剂能够提高胶状体系的凝胶化作用,影响 NCC 液晶相的形成,阻碍自组装行为到达平衡,导致 NCC 手性结构的反射波长向长波方向移动[50]。

在 NCC 水相体系中添加多糖和表面活性剂等中性物质能够加强 NCC 胶状溶液的凝胶化作用,对 NCC 自组装行为起到调控效果,但是容易导致其液晶织构出现缺陷[55]。Edgar 等[56]在 NCC 胶状溶液中加入葡聚糖观察溶液的液晶相变化,发现当葡聚糖加入各向同性的 NCC 胶状溶液中时,对各向异性相的析出无诱导作用;当加入到两相共存体系中时,葡聚糖更倾向于进入各向同性相中;当加入到各向异性相溶液中时,会诱导葡聚糖富集的各向同性相和葡聚糖少量的各向异性相的两相分离;当加入到具有手性向列型液晶相的 NCC 溶液中,容易导致 NCC 液晶织构出现明显的缺陷。

Gray 研究组[26]通过向 NCC 胶状溶液中添加 D-(+)-葡萄糖的实验研究了手

性向列型液晶相形成过程中螺距的变化。在 NCC 悬浮液中添加葡萄糖后对其各向异性没有影响,但 D-(+)-葡萄糖的右旋手性特征加强了棒状 NCC 的扭转作用,使得手性结构的螺距发生变化。D-(+)-葡萄糖对螺距的影响作用表现为液晶相中螺距的减小和凝胶化过程中螺距的增加。D-(+)-葡萄糖的添加降低了 NCC 的活性,增加了胶状溶液的黏度;在胶状溶液的凝胶化过程中,D-(+)-葡萄糖充当体系的分散剂,阻止了螺距的继续减小,并且随着 D-(+)-葡萄糖浓度的增加,NCC 各向异性相析出的临界浓度增大,光学性质出现红移现象。

纯净的染色剂无圆二色信号,各向异性相的 NCC 胶状溶液其圆二色信号较弱,峰值呈扁平状。Beck 等[57]发现在 NCC 胶状溶液中添加染料分子可以诱导相分离的发生,其作用是使在已出现的各向异性相体系中发生进一步诱导,促使两相分离的再次发生。Cheung 和 Dong 等[58,59]分别在各向异性相的 NCC 胶状溶液中添加台盼蓝和刚果红,可观察到体系呈现强的圆二色谱信号,证明台盼蓝和刚果红两种染色剂能够诱导产生圆二色谱信号,并且随着染色剂浓度的增大,圆二色谱信号逐渐加强。

6.4 纳米纤维素自组装行为的应用

6.4.1 光电材料

NCC 基自组装材料的光学性质与手性结构的螺距有着密切的关系,可通过改变控制影响螺距的因素来改变螺距的大小,从而来调制在红外区、可见光区、紫外光区选择吸收光,利用这一特性可以制得选择性吸收光的纤维素薄膜[32,60]。Zhang 等[61]利用 NCC 自组装过程中螺距的可逆变化引起颜色的变化,制备出可以指示湿度的 NCC 薄膜材料。研究表明,NCC 薄膜暴露在水中或者湿度较高的环境中,其吸收水分、手性结构的螺距变大,导致其光学性质发生改变,对光的吸收波长向长波方向移动,薄膜的光学特征也由蓝色向红色方向的移动,并且这种随湿度变化的特征是可逆的。NCC 手性薄膜的厚度对颜色变化有重要影响,薄膜厚度越小,颜色变化越快。

贵金属粒子的表面等离子体共振光谱对周围介质介电性能和其尺寸、排列都非常敏感,利用这一性能可制备生物传感器[62]。在手性材料中掺杂纳米银颗粒,能够使得材料的光学性质更加敏感,为传感器的开发提供技术基础。Qi 等[63]将由 NCC 液晶模板制备的手性介孔二氧化硅材料浸泡于 $AgNO_3$ 溶液中制备了载银手性二氧化硅材料,该材料的圆二色谱具有较强的光学信号,且圆二色谱信号的强度与 $AgNO_3$ 溶液的浓度成正比。该载银手性二氧化硅材料的光学性质对水非常敏感,吸水后圆二色谱信号呈减弱趋势。

NCC 固体手性薄膜在自然光照射下呈现明显的虹彩特征并选择性反射左旋

偏振光,利用这一光学特性可进行加密用于防伪措施。荧光增白剂(如二胺基二苯乙烯双磺酸衍生物,Tinopal)在紫外光照射下能发射强荧光,可增加三分之一的加密编码信息量。Zhang 等[64]针对 NCC 薄膜的手性防伪特性作了进一步研究,发现荧光增白剂的添加会增加 NCC 薄膜中手性结构的螺距并改变手性丝状的畴结构。低浓度条件下,荧光增白剂强烈的紫外荧光不会影响薄膜的虹彩特性,而 NCC 薄膜在紫外光源照射下通过圆偏振器产生可被肉眼或手性光谱仪器识别的虹彩性质,可使得潜在的安全防伪性得以生效[65]。

6.4.2 前驱体材料

具有手性向列型液晶相结构的 NCC 悬浮液可作为前驱体进行多孔手性炭材料的制备,使之具备特殊的结构和性能[66]。Shopsowitz 等[67]利用具有特定手性向列型液晶相结构的 NCC 胶状溶液为前驱体,以四甲氧基硅烷(TMOS)为模板剂,通过蒸发自组装、炭化、除模板等制备流程,成功合成了具备左旋手性结构的多孔炭材料,如图 6-7 所示。研究者通过改变 TMOS 添加量对产物的比表面积和孔结构进行调控。该炭材料的吸附等温线为Ⅳ型曲线,为介孔材料,在高倍 SEM 视野下可观察到长程左旋手性结构,TEM 测试结果也证明了材料具有高度有序的孔结构特征。作者将该手性多孔炭材料制成电容器,以 1M H_2SO_4 为电解液,测试了其伏安循环曲线,证明该炭材料具有优良的电化学性能,推动了手性炭材料的研制和应用进程[68]。

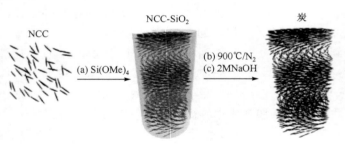

图 6-7 手性介孔炭材料的制备路线图[67]

6.4.3 模板剂材料

有序无机材料可利用表面活性剂液晶、嵌段共聚物溶致液晶、超分子聚集体和胶体晶体等模板制备而成[69]。Dujardin 等[70]认为 NCC 可用于制备具有双折射特性的硅材料中,但在制备的产物中未观察到长程有序的手性螺旋结构。Thomas 等[71]使用羟丙基纤维素作为模板,获得了具有高比表面积的多孔硅材料。同样,Shin 等[72]利用 NCC 作为模板剂通过煅烧制备出 5～7nm 的纳米锐钛矿相的二氧化钛。这种新型的具有高比表面积的二氧化钛材料将广泛地用于催化反应、催化剂载体和光电应用。

Shopsowitz 等[73]以 NCC 手性向列型液晶相作为模板，以 TMOS 和 TEOS 为硅源，合成具有左旋手性结构的厘米级介孔二氧化硅薄膜材料，该片状薄膜材料在 POM 下呈现出强的双折射性质，改变 NCC 模板剂与硅源的比例，其反射峰的波长可从可见光调节到近红外区域。复合膜煅烧前后，材料中手性结构的螺距减小，光学性质由红色转变为蓝色，但整体的质地结构保持不变。该研究组的 Kelly[37]总结了 NCC 液晶相结构复制于无机材料中的关键条件和可行性，即 NCC 悬浮液的 pH 在制备过程中要求精确控制，接近于硅前驱体的等电位点。在此 pH 条件下，NCC 能够稳定分散于硅前驱体中；硅前驱体水解过程中产生的醇对蒸发过程没有干扰；体系的酸性和高水含量抑制了硅前驱体的聚合反应。基于以上研究，Shopsowitz 等[74]又以 NCC 手性模板获得的手性介孔二氧化硅薄膜为模板，以四氯化钛作为钛源成功制备出介孔锐钛矿相二氧化钛材料，在二氧化钛材料中手性结构得以再次复制保留，其介孔性取决于手性二氧化硅模板，比表面积可达 150~230m^2/g，选择性反射左旋圆偏振光，如图 6-8 所示。该手性介孔二氧化钛薄膜材料可用于光催化和染料敏化太阳能电池中。

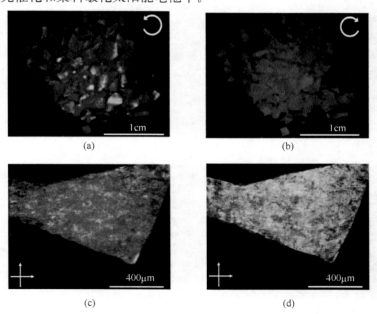

图 6-8 (a)左旋圆偏振滤光镜下 Ti-Acid 的光学照片；(b)右旋圆偏振滤光镜下 Ti-Acid 的光学照片；(c)正交光下 Ti-Acid 的 POM 图；(d)正交光下添加乙醇的 Ti-Acid 的 POM 图[74]

Shopsowitz 等[75]用 NCC 手性向列型液晶相作为模板,以 1,2-双(三甲氧基硅基)乙烷和 1,2-双(三乙氧基硅基)乙烷为硅源,合成了具有长程手性结构和特殊光学活性的乙烯连接的介孔有机硅膜。制备过程中采用酸水解去除模板 NCC,有效保护了有机硅的框架结构,且柔软性能得到改善。该介孔有机硅膜能够选择性反射左旋圆偏振光,其光学性质的控制可通过改变手性结构的螺距来实现,具有优良的机械性能,可用作功能性光学材料。Cheung 等[58]在各向异性的 NCC 胶状溶液中添加不同的有机溶剂,基于 NCC 胶状溶液的蒸发自组装行为成功制备出了具备手性光学活性的有机聚合物复合材料,如图 6-9 所示。研究表明,在 NCC 胶状溶液中添加极性有机溶剂,有利于溶致型手性向列液晶相的形成,利用该原理,可在 NCC 溶液中加入相应的水溶性有机溶剂来制备所需的聚合物复合材料,并且通过控制聚合物和盐等添加剂的量来诱导和控制有机聚合物复合材料的光学性能。

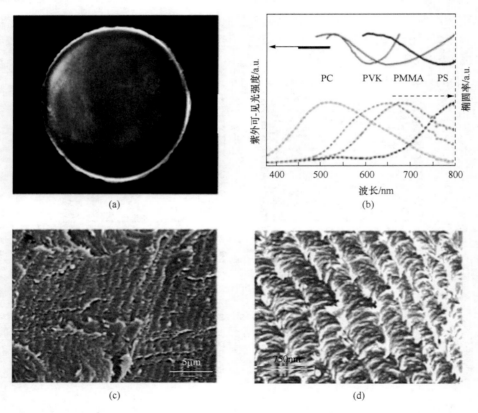

图 6-9　(a) NCC-Na/PMMA 复合材料的光学照片;(b) 复合材料的紫外-可见和圆二色谱图;(c)NCC-Na/PC 复合材料的 SEM 图;(d)高倍视野下有机薄膜的 SEM 图[58]

6.4.4 医学材料

由于 NCC 具有良好的生物相容性及独特的纳米结构及性质，一些研究者试图将其应用在药物载体、生物组织或功能支架材料及纳米荧光指示剂等医药领域中[76]。

Czaja 等认为，NCC 作为一种天然的优良材料将在医药和组织工程等领域中发挥重要的作用，细菌纤维素可用作齿根模塑加工、引导组织再生和脑组织周围的硬膜材料[77]。Millon 等将聚乙烯醇和 NCC 混合制备出纳米复合材料，其力学性能与人体心脏瓣膜这类的心脏血管组织相似，为 NCC 在医学领域的应用提供了有力的支撑[78]。

近年来，水凝胶成为众多研究者的关注焦点，在组织支架、传感器、药物载体以及瓣膜等医药和制造领域中具有潜在的应用价值。NCC 具有强的亲水特性，利用该性质可制备用于生物医药领域的水凝胶材料[79]。Nelson 等认为具有优良生物相容性和无毒性特征的 NCC 基生物材料在药物载体材料的研究方面有着广阔的应用前景[80]。

多年来，人造骨骼的组装研究中一直面临交叉感染问题，制约着研究的进程。利用 NCC 良好的生物相容性、高强度以及稳定性等特征，将其与羟基磷灰石混合制备复合材料，有望取代生物大分子应用于高强度人造骨骼的制备中，并且该材料可避免人造骨骼中的交叉感染问题。Cao 等[81]将 NCC 进行磷酸化和钙化处理后浸于模拟人体体液中矿化制备出 NCC/羟基磷灰石复合材料，该复合材料的纳米多级结构与生物骨骼类似，且相容性较好。Grande 等[82]将预制的羟基磷灰石分散后加入具有 NCC 的培养基中，通过二者的共生长组装得到羟基磷灰石/NCC 复合材料，该复合材料同样具有优良的生物相容性和生物活性。关于 NCC 在人造骨骼中的应用研究还处于起步阶段，研究人员主要就组装路线和组装方法作出了初步研究。

虽然 NCC 的稳定性良好，在人体内不易分解，但遇到特殊条件时，如经高碘酸氧化后引入双醛基时其分解作用会加强，导致 NCC 在人体 pH 条件下降解加速。目前，NCC 基复合材料在体内的分解产物对生物基体影响研究较少，但是仍然制约着 NCC 在医用材料领域的发展[83]。

6.5 小　　结

由于纳米纤维素基手性材料具有来源丰富、特殊光学活性、组装过程可调控、多孔结构等特点，使其在手性识别、传感器、光电材料等领域有着广泛的应用潜能。当前纳米纤维素基手性材料研究的热点和难点之一是纳米纤维素手性结构在制备过程中的保留和调控。近年来关于纳米纤维素基手性材料的制备和调控已取得重要突破,但是其应用领域的研究仍处于初始阶段。

从目前的研究来看,拓展纳米纤维素基手性材料的应用领域是研究的关键。纳米纤维素基自组装手性材料本身的亲水特性以及在不同湿度下的光响应特性为其在制备高性能、低成本、环境友好以及结构简易优良的比色湿敏传感器提供了条件,为食品、药品以及化学品的保鲜保质提供了优良的质量监控传感技术;同时基于纳米纤维素特殊的光学特性,为高附加值的防伪材料和信号防伪领域提供了可能;纳米纤维素手性向列型液晶相的调控机制的揭示为纳米纤维素在制备柔性电子显示材料中提供了前所未有的机遇。此外,纳米纤维素基手性多孔材料具备特殊的结构和光学性质可对一些具备手性特征的氨基酸等生物大分子进行识别分离,在手性催化、生物制药等领域具有广阔的应用前景。另外,针对不同的应用领域实现纳米纤维素基手性材料的工业化和商品化也是未来的一个重要挑战。

参 考 文 献

[1] Habibi Y, Lucia L A, Rojas O J. Cellulose nanocrystals: chemistry, self-assembly, and applications. Chemical Reviews, 2010, 110(6): 3479-3500

[2] Wegner T H, Jones P E. Advancing cellulose-based nanotechnology. Cellulose, 2006, 13(2): 115-118

[3] Noorani S, Simonsen J, Atre S. Nano-enabled microtechnology: polysulfone nanocomposites incorporating cellulose nanocrystals. Cellulose, 2007, 14(6): 577-584

[4] Entcheva E, Bien H, Yin L, et al. Functional cardiac cell constructs on cellulose-based scaffolding. Biomaterials, 2004, 25(26): 5753-5762

[5] Dugan J M, Gough J E, Eichhorn S J. Bacterial cellulose scaffolds and cellulose nanowhiskers for tissue engineering Nanomedicine, 2013, 8(2): 287-298

[6] 代林林,李伟,曹军,等. 纳米晶纤维素手性向列型液晶相结构的形成、调控及应用. 化学进展, 2015, 27(7): 861-869

[7] Li W, Zhao X, Liu S. Preparation of entangled nanocellulose fibers from APMP and its magnetic functional property as matrix. Carbohydrate polymers, 2013, 94(1): 278-285

[8] 李伟,王锐,刘守新. 纳米微晶纤维素制备. 化学进展, 2010, 22(10): 2060-2070

[9] Marchessault R H, Morehead F F, Watter N M. Liquid crystal systems from fibrillar polysaccharides. Nature, 1959, 184: 632-633

[10] Werbowyj R S, Gray D G. Liquid crystalline structure in aqueous hydroxypropyl cellulose solutions. Molecular Crystals and Liquid Crystals, 1976, 34(4): 97-103

[11] Revol J F, Bradford H, Giasson J, et al. Helicoidal self-ordering of cellulose microfibrils in aqueous suspension. International Journal of Biological Macromolecules, 1992, 14(3): 170-172

[12] Wang L, Huang Y. Structural characteristics and defects in ethyl-cyanoethyl cellulose/a-

crylic acid cholesteric liquid crystalline system. Macromolecules,2004,37(2):303-309
[13] de Souza Lima M M,Borsali R. Rodlike cellulose microcrystals: structure, properties, and applications. Macromolecular Rapid Communications,2004,25(7):771-787
[14] Araki J,Wada M,Kuga S,et al. Influence of surface charge on viscosity behavior of cellulose microcrystal suspension. Journal of Wood Science,1999,45(3):258-261
[15] Oke I. Nanoscience in nature: cellulose nanocrystals. Studies by undergraduate researchers at Guelph,2010,3(2):77-80
[16] Beck S,Bouchard J. Auto-catalyzed acidic desulfation of cellulose nanocrystals. Nordic Pulp and Paper Research Journal,2014,29(1):6-14
[17] Dong X M,Revol J F,Gray D G. Effect of microcrystallite preparation conditions on the formation of colloid crystals of cellulose. Cellulose,1998,5(1):19-32
[18] Araki J,Wada M,Kuga S,et al. Birefringent glassy phase of a cellulose microcrystal suspension. Langmuir,2000,16(6):2413-2415
[19] Bondeson D,Mathew A,Oksman K. Optimization of the isolation of nanocrystals from microcrystalline cellulose by acid hydrolysis. Cellulose,2006,13(2):171-180
[20] Hamad W. On the development and applications of cellulosic nanofibrillar and nanocrystalline materials. The Canadian Journal of Chemical Engineering,2006,84(5):513-519
[21] 薛岚. 纳米晶纤维素胆甾相液晶,膜的制备及氧化性能研究. 南京:南京林业大学硕士论文,2012
[22] Shafiei-Sabet S,Hamad W Y,Hatzikiriakos S G. Rheology of nanocrystalline cellulose aqueous suspensions. Langmuir,2012,28(49):17124-17133
[23] Lagerwall J P F,Schütz C,Salajkova M,et al. Cellulose nanocrystal-based materials: from liquid crystal self-assembly and glass formation to multifunctional thin films. NPG Asia Materials,2014,6(1):e80
[24] 徐雁. 功能性无机-晶态纳米纤维素复合材料的研究进展与展望. 化学进展,2011,23(11):2183-2199
[25] Araki J,Kuga S. Effect of trace electrolyte on liquid crystal type of cellulose microcrystals. Langmuir,2001,17(15):4493-4496
[26] Mu X,Gray D G. Formation of chiral nematic films from cellulose nanocrystal suspensions is a two-stage process. Langmuir,2014,30(31):9256-9260
[27] Dumanli A G,Kamita G,Landman J,et al. Controlled,Bio-inspired Self-Assembly of Cellulose-Based Chiral Reflectors. Advanced Optical Materials,2014,2(7):646-650
[28] Beck S,Bouchard J,Berry R. Dispersibility in water of dried nanocrystalline cellulose. Biomacromolecules,2012,13(5):1486-1494
[29] Beck S,Roman M,Gray D G. Effect of reaction conditions on the properties and behavior of wood cellulose nanocrystal suspensions. Biomacromolecules,2005,6(2):1048-1054
[30] 曾加,黄勇. 纤维素及其衍生物的胆甾型液晶结构. 高分子材料科学与工程,2000,16(6):13-17

[31] Saha A, Tanaka Y, Han Y, et al. Irreversible visual sensing of humidity using a cholesteric liquid crystal. Chemical Communications, 2012, 48(38): 4579-4581

[32] Edgar C D, Gray D G. Induced circular dichroism of chiral nematic cellulose films. Cellulose, 2001, 8(1): 5-12

[33] Majoinen J, Kontturi E, Ikkala O, et al. SEM imaging of chiral nematic films cast from cellulose nanocrystal suspensions. Cellulose, 2012, 19(5): 1599-1605

[34] Roman M, Gray D G. Parabolic focal conics in self-assembled solid films of cellulose nanocrystals. Langmuir, 2005, 21(12): 5555-5561

[35] Chen Q, Liu P, Nan F, et al. Tuning the iridescence of chiral nematic cellulose nanocrystal films with a vacuum-assisted self-assembly technique. Biomacromolecules, 2014, 15(11): 4343-4350

[36] Dumanli A G, van der Kooij H M, Kamita G, et al. Digital color in cellulose nanocrystal films. ACS applied materials and interfaces, 2014, 6(15): 12302-12306

[37] Kelly J A, Giese M, Shopsowitz K E, et al. The development of chiral nematic mesoporous materials. Accounts of Chemical Research, 2014, 47(4): 1088-1096

[38] Beck S, Bouchard J, Chauve G, et al. Controlled production of patterns in iridescent solid films of cellulose nanocrystals. Cellulose, 2013, 20(3): 1401-1411

[39] Tang H, Guo B, Jiang H, et al. Fabrication and characterization of nanocrystalline cellulose films prepared under vacuum conditions. Cellulose, 2013, 20(6): 2667-2674

[40] Bordel D, Putaux J L, Heux L. Orientation of native cellulose in an electric field. Langmuir, 2006, 22(11): 4899-4901

[41] Rosa M F, Medeiros E S, Malmonge J A, et al. Cellulose nanowhiskers from coconut husk fibers: Effect of preparation conditions on their thermal and morphological behavior. Carbohydrate Polymers, 2010, 81(1): 83-92

[42] Dong X M, Kimura T, Revol J F, et al. Effects of ionic strength on the isotropic-chiral nematic phase transition of suspensions of cellulose crystallites. Langmuir, 1996, 12(8): 2076-2082

[43] Viet D, Beck S, Gray D G. Dispersion of cellulose nanocrystals in polar organic solvents. Cellulose, 2007, 14(2): 109-113

[44] Bai W, Holbery J, Li K. A technique for production of nanocrystalline cellulose with a narrow size distribution. Cellulose, 2009, 16(3): 455-465

[45] Dong X M, Revol J F, Gray D G. Effect of microcrystallite preparation conditions on the formation of colloid crystals of cellulose. Cellulose, 1998, 5(1): 19-32

[46] Dong X M, Kimura T, Revol J F, et al. Effects of ionic strength on the isotropic-chiral nematic phase transition of suspensions of cellulose crystallites. Langmuir, 1996, 12(8): 2076-2082

[47] Hirai A, Inui O, Horii F, et al. Phase separation behavior in aqueous suspensions of bacterial cellulose nanocrystals prepared by sulfuric acid treatment. Langmuir, 2008, 25(1):

497-502

[48] Revol J F, Godbout L, Gray D G. Solid self-assembled films of cellulose with chiral nematic order and optically variable properties. Journal of Pulp and Paper Science, 1998, 24(5): 146-149

[49] Dong X M, Gray D G. Effect of counterions on ordered phase formation in suspensions of charged rodlike cellulose crystallites. Langmuir, 1997, 13(8): 2404-2409

[50] Beck S, Bouchard J, Berry R. Controlling the reflection wavelength of iridescent solid films of nanocrystalline cellulose. Biomacromolecules, 2010, 12(1): 167-172

[51] Filson P B, Dawson-Andoh B E. Sono-chemical preparation of cellulose nanocrystals from lignocellulose derived materials. Bioresource Technology, 2009, 100(7): 2259-2264

[52] Li W, Wang R, Liu S. Nanocrystalline cellulose prepared from softwood kraft pulp via ultrasonic-assisted acid hydrolysis. BioResources, 2011, 6(4): 4271-4281

[53] Giese M, De Witt J C, Shopsowitz K E, et al. Thermal switching of the reflection in chiral nematic mesoporous organosilica films infiltrated with liquid crystals. ACS Applied Materials and Interfaces, 2013, 5(15): 6854-6859

[54] Guégan R, Morineau D, Lefort R, et al. Rich polymorphism of a rod-like liquid crystal (8CB) confined in two types of unidirectional nanopores. The European Physical Journal E, 2008, 26(3): 261-273

[55] Hu Z, Cranston E D, Ng R, et al. Tuning cellulose nanocrystal gelation with polysaccharides and surfactants. Langmuir, 2014, 30(10): 2684-2692

[56] Edgar C D, Gray D G. Influence of dextran on the phase behavior of suspensions of cellulose nanocrystals. Macromolecules, 2002, 35(19): 7400-7406

[57] Beck S, Viet D, Gray D G. Induced phase separation in cellulose nanocrystal suspensions containing ionic dye species. Cellulose, 2006, 13(6): 629-635

[58] Cheung C C Y, Giese M, Kelly J A, et al. Iridescent chiral nematic cellulose nanocrystal/polymer composites assembled in organic solvents. ACS Macro Letters, 2013, 2(11): 1016-1020

[59] Dong X M, Gray D G. Induced circular dichroism of isotropic and magnetically-oriented chiral nematic suspensions of cellulose crystallites. Langmuir, 1997, 13(11): 3029-3034

[60] Fernandes S N, Geng Y, Vignolini S, et al. Structural color and iridescence in transparent sheared cellulosic films. Macromolecular Chemistry and Physics, 2013, 214(1): 25-32

[61] Zhang Y P, Chodavarapu V P, Kirk A G, et al. Structured color humidity indicator from reversible pitch tuning in self-assembled nanocrystalline cellulose films. Sensors and Actuators B: Chemical, 2013, 176: 692-697

[62] Yue W, Randorn C, Attidekou P S, et al. Syntheses, Li insertion, and photoactivity of mesoporous crystalline TiO_2. Advanced Functional Materials, 2009, 19(17): 2826-2833

[63] Qi H, Shopsowitz K E, Hamad W Y, et al. Chiral nematic assemblies of silver nanoparticles in mesoporous silica thin films. Journal of the American Chemical Society, 2011, 133(11):

3728-3731

[64] Zhang Y P,Chodavarapu V P,Kirk A G,et al. Nanocrystalline cellulose for covert optical encryption. Journal of Nanophotonics,2012,6(1):063516-1-063516-9

[65] Asefa T. Chiral nematic mesoporous carbons from self-assembled nanocrystalline cellulose. Angewandte Chemie International Edition,2012,51(9):2008-2010

[66] 吴伟兵,张磊. 纳晶纤维素的功能化及应用. Progress in Chemistry,2014,26(2/3):403-414

[67] Shopsowitz K E,Hamad W Y,MacLachlan M J. Chiral nematic mesoporous carbon derived from nanocrystalline cellulose. Angewandte Chemie International Edition,2011,50(46):10991-10995

[68] Shopsowitz K E,Kelly J A,Hamad W Y,et al. Biopolymer templated glass with a twist:controlling the chirality,porosity,and photonic properties of silica with cellulose nanocrystals. Advanced Functional Materials,2014,24(3):327-338

[69] Antonelli D M,Ying J Y. Synthesis of hexagonally packed mesoporous TiO_2 by a modified sol-gel method. Angewandte Chemie International Edition in English,1995,34(18):2014-2017

[70] Dujardin E,Blaseby M,Mann S. Synthesis of mesoporous silica by sol-gel mineralisation of cellulose nanorod nematic suspensions. Journal of materials chemistry,2003,13(4):696-699

[71] Thomas A,Antonietti M. Silica nanocasting of simple cellulose derivatives:towards chiral pore systems with long-range order and chiral optical coatings. Advanced Functional Materials,2003,13(10):763-766

[72] Shin Y,Exarhos G J. Template synthesis of porous titania using cellulose nanocrystals. Materials Letters,2007,61(11):2594-2597

[73] Shopsowitz K E,Qi H,Hamad W Y,et al. Free-standing mesoporous silica films with tunable chiral nematic structures. Nature,2010,468(7322):422-425

[74] Shopsowitz K E,Stahl A,Hamad W Y,et al. Hard templating of nanocrystalline titanium dioxide with chiral nematic ordering. Angewandte Chemie International Edition,2012,51(28):6886-6890

[75] Shopsowitz K E,Hamad W Y,MacLachlan M J. Flexible and iridescent chiral nematic mesoporous organosilica films. Journal of the American Chemical Society,2012,134(2):867-870

[76] Bodin A,Backdahl H,Risberg B,et al. Nano cellulose as a scaffold for tissue engineered blood vessels. Tissue Engineering,2007,13(4):885-885

[77] Czaja W K,Young D J,Kawecki M,et al. The future prospects of microbial cellulose in biomedical applications. Biomacromolecules,2007,8(1):1-12

[78] Millon L E,Wan W K. The polyvinyl alcohol - bacterial cellulose system as a new nanocomposite for biomedical applications. Journal of Biomedical Materials Research Part B:Applied Biomaterials,2006,79(2):245-253

[79] Ivanov C, Popa M, Ivanov M, et al. Synthesis of poly (vinyl alcohol): methyl cellulose hydrogel as possible scaffolds in tissue engineering. Journal of Optoelectronics and Advanced Materials, 2007, 9(11): 3440-3444
[80] Nelson K, Deng Y. Encapsulation of inorganic particles with nanostructured cellulose. Macromolecular Materials and Engineering, 2007, 292(10-11): 1158-1163
[81] Gao C, Xiong G Y, Luo H L, et al. Dynamic interaction between the growing Ca-Pminerals and bacterial cellulose nanofibers during early biomineralization process. Cellulose, 2010, 17(2): 365-373
[82] Grande C J, Torres F G, Gomez C M, et al. Nanocomposites of bacterial cellulose/hydroxyapatite for biomedical applications. Acta Biomaterialia, 2009, 5(5): 1605-1615
[83] Klemm D, Kramer F, Moritz S, et al. Nanocelluloses: a new family of nature-based materials. Angewandte Chemie International Edition, 2011, 50(24): 5438-5466

第7章 纳米纤维素手性向列湿敏薄膜的制备

7.1 引　　言

手性现象普遍存在于自然界中,是人类赖以生存的本质属性之一。几年来,通过人工亦可构建功能多样的手性材料[1]。研究显示,人工合成手性组装材料能展现出单个个体所不具有的独特性质,如特殊的光学性质、对映选择性、化学稳定性好、易于进行化学修饰等,在传感器、光电材料、手性识别、手性催化等领域有重要的应用[2]。

目前,人工合成手性材料的原料主要为生物大分子和有机配体,制备过程对技术工艺要求较高。相对于其他原料,天然纤维素是一种丰富价廉、可再生、可降解、生物相容性好的天然高分子材料,经强酸水解后能形成纳米级别的纤维素(NCC)。NCC 可以长期稳定地分散在溶剂体系中形成胶状溶液,并且能够通过自组装排列形成各向同性或者各向异性的手性向列液晶相结构[3~7]。近几年,以 NCC 手性结构为基础的自组装材料的研制和应用引起人们广泛关注。

本章以制备的 NCC-64%-45℃-30min 悬浮液为研究对象,分析 NCC 手性向列液晶相形成过程,采用自组装方法制备含左旋手性结构的 NCC 薄膜,并研究其光学性质随湿度(RH)的变化规律,揭示 NCC 手性薄膜在湿敏传感器领域的潜在应用价值。

7.2 实验部分

7.2.1 实验材料

纳米纤维素采用酸水解法制备,浓度约为1%;聚乙二醇(分析纯,相对分子质量20000);KCl、NaCl、K_2CO_3(分析纯)。

7.2.2 纳米纤维素自组装行为的研究

用扁平毛细管(0.3mm×3.0mm)吸取一部分 NCC 悬浮液,将扁平毛细管的一端用石蜡密封,另一端不密封,让管内的 NCC 悬浮液自然蒸发,每隔一段时间用偏光显微镜(POM)观察 NCC 悬浮液状态的变化,得出手性向列液晶相形成的临界浓度和手性向列结构的螺距,浓度由称重法计算得到。

7.2.3 纳米纤维素手性向列薄膜的制备

将制备好的 NCC 胶体溶液提浓至所需浓度(≥2.83%),在功率为 500W 下超声分散 10min,取 5g NCC 胶体溶液转移至 60mm 聚苯乙烯培养皿中,室温下自然蒸发至干,得到 NCC 手性薄膜。

7.2.4 材料表征

采用 Quanta200 扫描电子显微镜(SEM)对 NCC 薄膜的手性结构形貌进行表征;采用 Nicolet-iS10 傅里叶变换红外分光光谱仪(FTIR)对 NCC 薄膜的表面官能团进行分析;采用 TGA Q50 热重分析仪在 N_2 气氛下对 NCC 薄膜进行热稳定性测试,升温速率为 10℃/min,温度范围 20~800℃;采用 TU1901 型双光束紫外-可见分光光度计(UV-Vis)对 NCC 薄膜的湿敏性能进行测试,用饱和 $K_2CO_3(aq)$、饱和 NaCl(aq)、饱和 KCl(aq)进行湿度调控。

7.3 结果与讨论

7.3.1 纳米纤维素的自组装行为研究

图 7-1 为初始浓度为 1.09% 的 NCC 溶液缓慢蒸发,浓度不断提高的过程中不同阶段的 POM 图。由图 7-1(a)可知,初始溶液中 NCC 呈无序分散状态,无双折射特性。当 NCC 浓度为 2.2% 时,如图 7-1(b)所示,在静电斥力作用下,NCC 开始进行自组装排列,在此过程中 NCC 之间产生不可逆的氢键[3]。当浓度增大到 2.83% 时,NCC 胶状溶液中逐渐析出各向异性相,在正交光照射下,出现了双折射现象,并且开始形成指纹织构,此浓度即为手性向列液晶相形成的临界浓度[8]。随着水分的继续蒸发,NCC 浓度由 4.48% 到 13.5% 的过程中,POM 视野中液晶相的双折射性质加强。当浓度增大至 42.04% 时,NCC 溶液在正交光下呈现出强的虹彩性质,并且出现大片的指纹织构,如图 7-1(f)所示。

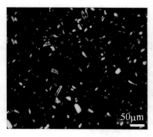
(a) 1.09%

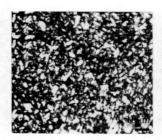
(b) 2.20%

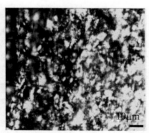
(c) 2.83%

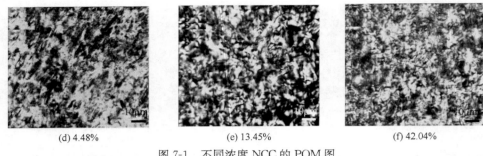

图 7-1 不同浓度 NCC 的 POM 图

7.3.2 纳米纤维素薄膜的手性结构

图 7-2(a)为自然光照射下 NCC 薄膜的照片。观察可知，NCC 薄膜呈现出一定的虹彩性质。图 7-2(b)为 NCC 薄膜的 POM 图，在正交光照射下 NCC 薄膜具有多彩特征，并且可观察到明暗相间的指纹织构，螺距介于 $1\sim2\mu m$ 之间，该织构是手性材料的特征结构[9]。由此也解释了图 7-2(a)、(b)中的多色彩特征的形成原因：NCC 薄膜中手性结构对光的干扰产生的双折射[4]。图 7-2(c)～(e)为 NCC 薄膜的 SEM 图，由图 7-2(c)可知，该薄膜的厚度均匀，介于 $60\sim70\mu m$ 之间；在低倍视野下能够观察到长程有序手性结构，如图 7-2(d)所示。在高倍视野下可以看到棒状 NCC 有序排列形成具有左旋特征的手性向列结构[4]，如图 7-2(e)所示。

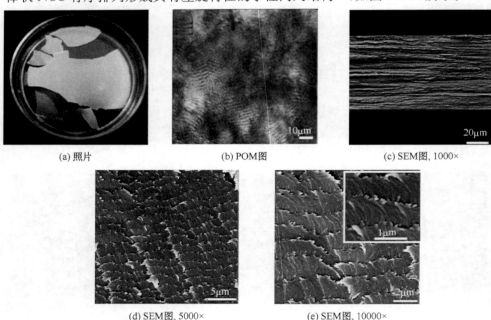

图 7-2 NCC 薄膜的形貌图

7.3.3 纳米纤维素手性向列薄膜的化学结构和热稳定性

图 7-3 为 NCC 薄膜的红外光谱图和热重曲线图。分析 NCC 薄膜的红外光谱图可知,在 3410cm^{-1} 处有一个很强的 O—H 伸缩振动峰;2900cm^{-1} 对应的是 C—H 伸缩振动峰;1635cm^{-1} 处为碳水化合物吸附水的 H—O—H 伸缩振动峰;1434cm^{-1} 处为—CH$_2$ 的弯曲振动峰;1056cm^{-1} 为 O—H 的变形振动峰。由以上峰值参数可知,硫酸水解得到的 NCC 表面含有丰富的 O—H 官能团,与原料相比,虽然形貌尺寸有了很大的变化,但是仍保留了纤维素的特征官能团[10]。

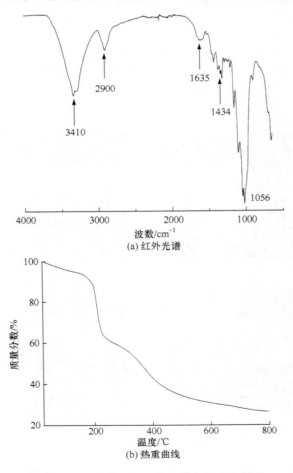

图 7-3　NCC 薄膜的红外光谱和热重曲线图

分析 NCC 薄膜的热重曲线图可知,在 20~200℃ 范围内有一个较小的失重,对应的是样品中吸附水的去除。这说明在 200℃ 以下,NCC 薄膜具有良好的热稳定性。NCC薄膜的降解过程主要分为两个阶段,分别是200～270℃和270～500℃。在这两个阶段中,样品的热失重较大,而500℃以后样品的热失重相对较小。当温度上升至700℃后,样品的降解基本完成;温度到达800℃时,NCC薄膜的炭残渣量为26%。这是因为硫酸水解得到的NCC有一定的H^+存在,NCC薄膜呈弱酸性,加速了样品在低温下的脱水过程,促使反应 $C_n(H_2O)_m \longrightarrow mH_2O + nC$ 有效发生,并且在去除氧形成水的过程中能够有效阻止失重从而有一定量的炭残渣量[11]。

7.3.4 纳米纤维素手性向列薄膜的湿敏性能

图7-4为吸水前后NCC薄膜的光学照片图。观察图7-4(a)可知,干燥的NCC薄膜在自然光照射下偏蓝色;吸收水分后,其颜色由蓝色向红色转变,如图7-4(b)、(c)所示。当NCC薄膜完全浸湿后,在自然光照射下呈橙红色,如图7-4(d)所示。进一步实验显示,NCC薄膜的这种遇湿变色过程是可逆的,将浸湿的NCC薄膜干燥之后又恢复到图7-4(a)所示的光学特征。

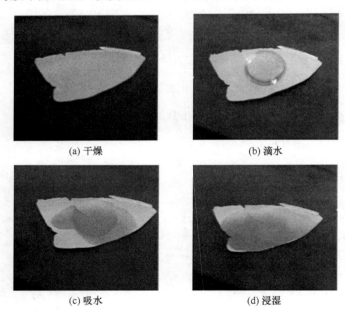

(a) 干燥　　　　　　　　　　　(b) 滴水

(c) 吸水　　　　　　　　　　　(d) 浸湿

图7-4　吸水前后NCC薄膜的光学照片图

图7-5为不同湿度下NCC薄膜的UV-Vis透射光谱图。干燥的NCC薄膜在510nm处有一个明显的波谷,说明对该波长的光具有较强的反射。当环境的湿度增加到43%时,NCC薄膜对于光的吸收向长波方向移动至560nm处,且随环境湿度的继续增加,NCC薄膜对于光的吸收波长继续向长波方向移动。当周围环境的

湿度增加至85%时，NCC薄膜对光的吸收红移至635nm处。将湿度为85%的NCC薄膜干燥后，其UV-Vis透射光谱恢复原位。由此表明，湿度对NCC薄膜光学性质的影响为可逆过程。分析以上结果可知，NCC薄膜具有优良的湿敏性能。这是因为纤维素是亲水性材料，当周围环境湿度增加时，NCC薄膜吸收水分，手性结构的螺距变大，根据布拉格公式：$\lambda = nP\sin\varphi$，导致其对光的反射向长波方向移动，光学性质出现红移[12]，如图7-6所示。

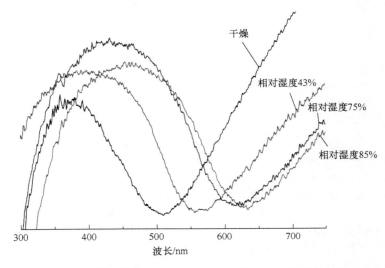

图7-5　不同湿度下NCC薄膜的紫外-可见透射光谱图

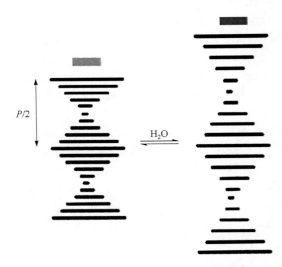

图7-6　不同湿度下螺距的可逆变化示意图

7.4 小　结

基于 NCC 的自组装行为，在自然蒸发的条件下成功制备出含左旋手性结构的薄膜。该手性薄膜具有强的双折射性质，表面官能团以 O—H 为主，在 200℃ 以下具有良好的热稳定性。随着周围环境湿度的增加，薄膜的光学性质出现可逆的红移现象。该湿敏性能为传感器件的研制提供了潜在材料。

参 考 文 献

[1] Kelly J A, Giese M, Shopsowitz K E, et al. The development of chiral nematic mesoporous materials. Accounts of Chemical Research, 2014, 47(4):1088-1096

[2] 代林林,李伟,曹军,等. 纳米晶纤维素手性向列型液晶相结构的形成、调控及应用. 化学进展, 2015, 27(7):861-869

[3] Revol J F, Bradford H, Giasson J, et al. Helicoidal self-ordering of cellulose microfibrils in aqueous suspension. International Journal of Biological Macromolecules, 1992, 14(3):170-172

[4] Majoinen J, Kontturi E, Ikkala O, et al. SEM imaging of chiral nematic films cast from cellulose nanocrystal suspensions. Cellulose, 2012, 19(5):1599-1605

[5] Shafiei-Sabet S, Hamad W Y, Hatzikiriakos S G. Rheology of nanocrystalline cellulose aqueous suspensions. Langmuir, 2012, 28(49):17124-17133

[6] Lagerwall J P F, Schuütz C, Salajkova M, et al. Cellulose nanocrystal-based materials: From liquid crystal self-assembly and glass formation to multifunctional thin films. NPG Asia Materials, 2014, 6(1):e80

[7] Li W, Wang R, Liu S X. Nanocrystalline cellulose prepared from softwood kraft pulp via ultrasonic-assisted acid hydrolysis. BioResources, 2011, 6(4):4271-4281

[8] Abhijit S, Yoko T, Yang H, et al. Irreversible visual sensing of humidity using a cholesteric liquid crystal. Chemical Communications, 2012, 48(38):4579-4581

[9] 曾加,黄勇. 纤维素及其衍生物的胆甾型液晶结构. 高分子材料科学与工程, 2000, 16(6):13-17

[10] 李伟,王锐,刘守新. 纳米纤维素的制备. 化学进展, 2010, 22(10):2060-2070

[11] Wang N, Ding E Y, Cheng R S. Thermal degradation behaviors of spherical cellulose nanocrystals with sulfate groups. Polymer, 2007, 48(12):3486-3493

[12] Zhang Y P, Chodavarapu V P, Kirk A G, et al. Structured color humidity indicator from reversible pitch tuning in self-assembled nanocrystalline cellulose films. Sensors and Actuators B: Chemical, 2013, 176:692-697

第8章 细菌纤维素基炭气凝胶的制备及应用

8.1 引 言

气凝胶(aerogel)[1~4]是一种以气体为分散介质的凝胶材料,其固体相和孔隙结构均为纳米量级,是目前合成材料中最轻的凝聚态材料。第一块气凝胶由斯坦福大学Kistler[5]于1931年采用溶胶-凝胶法与超临界干燥技术制得。随着溶胶-凝胶技术的发展,硅气凝胶[6~9]等无机气凝胶与酚醛[10,11]聚合类有机气凝胶相继问世。炭气凝胶是近20年来逐渐兴起的一种新型纳米级多孔性炭材料,第一块炭气凝胶由Pekala在1989年以间苯二酚和甲醛为原料首次合成。而随着亚临界干燥等技术的提出,使制备炭气凝胶的原料有更多的选择性,而且其密度明显增加,高密度的炭气凝胶也称之为炭干凝胶。炭气凝胶具有高比表面积、高孔隙率与超低密度等性质,这些特性使其在电学、热学、光学、声学以及催化等研究领域展示出良好的应用前景[12~21]。

传统制备炭气凝胶的原料是酚醛预聚体。由于酚醛聚合体系工艺复杂、成本较高,且原料有毒,机械强度不高,容易造成二次污染,从而限制了聚合物基炭气凝胶的使用[22~25]。

本章以无污染、来源广泛的细菌纤维素为原料,采用液氮冷冻、干燥、炭化的方法,制备得到纤维素基炭气凝胶。通过扫描电镜(SEM)、N_2吸附-脱附曲线对产物的形貌、孔结构进行分析;通过对多种有机溶剂的吸附,对炭气凝胶的吸附性能进行测试。多孔炭材料由于具有耐高温、耐酸碱、导电、导热等一系列优点而受到人们的密切关注,这些材料已经被应用于气体分离、水净化处理、催化剂载体、色谱分析、吸附、超级电容器以及燃料电池等领域[26~28]。其中介孔炭以其较高的比表面积、较窄的孔径分布、极好的化学和热稳定性,呈现出取代传统炭材料的趋势。自其诞生以来,一直是材料界研究的重点,目前在净化、吸附分离、催化及电子等多个领域已广泛应用[28~30]。

8.2 实验部分

8.2.1 实验材料

细菌纤维素,液氮,93号汽油,二甲基硅油,甲醇,柴油,石蜡。聚苯乙烯培养皿(60mm),真空冷冻干燥机,管式电阻炉。

8.2.2 炭气凝胶的制备

实验以细菌纤维素为原料,经过去离子水浸泡至中性,再将细菌纤维素切割成 3cm×6cm×3cm 的长方体,用液氮进行冷冻。冷冻后的样品放入真空冷冻干燥机中干燥 48h,制备出细菌纤维素气凝胶。将制备出的气凝胶放入管式电阻炉的石英管中,进行高温炭化,得到炭气凝胶。

8.2.3 材料表征

采用 ASAP2020 型比表面积测定仪对产物的孔结构进行表征分析,总比表面积由 BET 方程得到,孔体积和孔径分布由 BJH 模型处理低温氮气脱附等温线得到;采用 Quanta200 型扫描电子显微镜(SEM)对产物的形貌进行表征。

8.3 结果与讨论

8.3.1 炭气凝胶形貌分析

图 8-1 为纳米纤维素基气凝胶和炭气凝胶样品的形貌和尺寸的 SEM 图。未经过高温碳化处理的纳米纤维素基气凝胶形貌如图 8-1(a)、(b)所示,气凝胶孔隙结构明显,纤维形状饱满有弹性,且结构不规则,直径长度大致为几十纳米,长度几十微米,纤维素枝状结构明显。图 8-1(c)、(d)为经过高温炭化处理后的纤维素炭气凝胶的微观结构,可以通过 SEM 照片清晰看出,纤维素纤维有所萎缩,但孔隙结构依旧明显,基本保持未炭化之前的形态,结构无基本规则,枝状结构明显,但纤维终端萎缩明显,略有曲折现象出现,直径长度大致为十几纳米,长度几十微米。纳米纤维素基气凝胶炭化前后 SEM 照片对比可以看出,炭化后孔隙率增大,孔隙结构明显,孔隙直径有所缩小,表面依旧光滑。上述现象表明,经过高温炭化后的纤维素气凝胶更有利于吸收有机溶剂,同时提高了比表面积,增加了反应点,为后续吸附有机溶剂提供了吸附点。

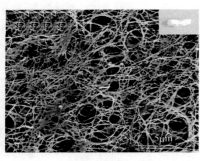
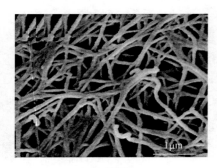

(a) 气凝胶   (b) 气凝胶

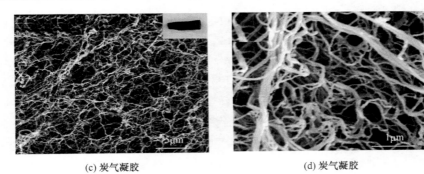

(c) 炭气凝胶　　　　　　　　　(d) 炭气凝胶

图 8-1　气凝胶和炭气凝胶的 SEM 图

8.3.2　比表面积和孔结构分析

图 8-2 中的(a)、(b)分别为纳米纤维素气凝胶和炭气凝胶的吸附-脱附等温区线及孔径分布情况。由图可知,所有的样品都呈现典型的Ⅳ型曲线,在高压区域具有明显的 H3 型滞后环,可以说明在高温炭化过程中没有破坏气凝胶的网状结构,并说明两种样品均存在中型孔隙。气凝胶在 $P/P_0<0.7$ 处的吸附-脱附等温线呈缓慢增加趋势,主要源于介孔结构的单层及多层吸附,当压力增大到 $0.7P/P_0$ 后,氮气吸附-脱附等温线出现滞后环,说明气凝胶中主要存在中孔结构。而炭气凝胶的曲线中,在低相对压力下,曲线上升迅速,说明炭气凝胶中存在一定的微孔结构。随着相对压力增大到 $0.7P/P_0$ 以后出现滞后环,则证明炭气凝胶中也存在中孔结构。这与 SEM 得出结论相吻合。

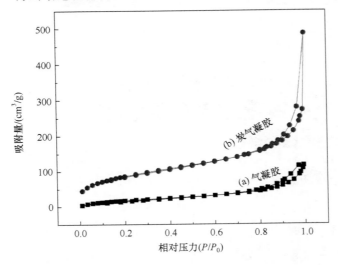

图 8-2　吸附-脱附等温曲线

表 8-1 分别是气凝胶和炭气凝胶的 BET 比表面积(S_{BET})和通过 t-plot 计算法得到的微孔比表面积(S_{mic})和微孔体积(V_{mic}),以及按照 BJH 原理得出的介孔的孔体积(V_{meso})和介孔平均直径分布(D_{mes})。可以看出,本实验中的气凝胶和炭气凝胶的微孔结构很少。气凝胶的比表面积明显小于炭气凝胶的比表面积,说明气凝胶在高温炭化后产生了很多孔隙结构,且微孔结构也有所增加。炭气凝胶的介孔结构较气凝胶的介孔结构增加了 1 倍多,但在气凝胶中介孔的孔径略大,为 8.82nm。这是因为在高温炭化过程中,气凝胶中的部分粒子受热分解,产生的气体生成了炭气凝胶的微孔结构,在高温炭化过程中纤维素纤维萎缩,介孔的孔径有所减小,部分大孔结构收缩,微孔结构坍塌,导致介孔的数量增长。

表 8-1 炭气凝胶的孔结构参数

试样	BET 比表面积/(m²/g)	微孔面积/(m²/g)	介孔孔容/(cm³/g)	平均孔径/nm
炭化前	77.15	26.9882	0.181484	8.82
炭化后	316.0834	174.0123	0.424093	6.3737

8.3.3 吸附性能测试

实验通过检测纳米纤维基气凝胶对 93 号汽油的吸附性能,以及炭气凝胶对 93 号汽油、二甲基硅油、甲醇、柴油和液体石蜡的吸附性能的分析,得出的实验数据结果见图 8-3。

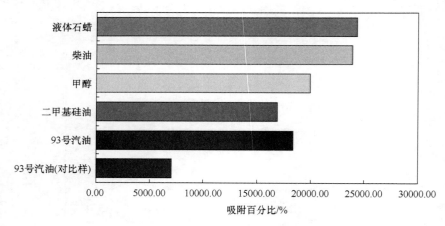

图 8-3 吸附有机溶剂测试图

对于各种不同种类的有机溶剂,炭气凝胶的吸附量也有明显不同。通过气凝胶和炭气凝胶同时对 93 号汽油的吸附量有很大差异来看,气凝胶和炭气凝胶的吸附主体为微孔,由于高温炭化过的炭气凝胶的微孔结构远多于气凝胶,这同时与

BET 的结论相吻合,因此看出炭气凝胶的吸附率远高于气凝胶。炭气凝胶对不同的有机溶剂吸附量也略有不同,大致可判断为有机溶剂中的羟基基团与炭气凝胶表面官能团吸附作用占主导作用,但通过图 8-3 可以明显看出微孔吸附的作用远远大于表面官能团的作用,所以可以通过增加炭气凝胶的微孔结构来增大对有机溶剂的吸附量,也可以通过在炭气凝胶表面增加不同的官能团来控制对不同有机溶剂的吸附量。

8.4 小 结

实验以细菌纤维素为实验原料,采用液氮冷冻的方法,控制气凝胶的形态,再通过冷冻干燥机进行冷冻干燥处理,制备出细菌纤维素基气凝胶,再进行高温炭化处理,制备得到纤维素基炭气凝胶,炭化前后均具有良好的三维空间网状结构,且有明显的层次分布特点。孔径分布均匀,大多为连贯的致密中孔结构,结构骨架完整稳定,炭化后孔隙结构无明显塌陷。通过吸附性能试验的研究,可以得出结论,气凝胶和炭气凝胶的吸附主体为微孔,高温炭化过的炭气凝胶的微孔结构远多于气凝胶,因此看出炭气凝胶的吸附率远高于气凝胶。炭气凝胶的表面基团也对吸附效果有所影响,但微孔结果的物理吸附作用远远大于官能团分子作用力的影响,因此可以通过控制炭气凝胶的孔隙结构来控制其对有机溶剂的吸附量。

参 考 文 献

[1] Kistler S S. Coherent expanded aerogels. The Journal of Physical Chemistry,1932,36(1):52-64
[2] 李坚,邱坚. 气凝胶型木材的形成与分析. 北京:科学出版社,2010:33
[3] 王妮,任洪波. 不同硅源制备二氧化硅气凝胶的研究进展. 材料导报 A,2014,1(28):42-45
[4] 陈一民,谢凯,洪晓斌,等. 自疏水溶胶-凝胶体系制备疏水 SiO_2 气凝胶. 硅酸盐学报,2005,33(9):1149-1152
[5] Tang Q,Wang T. Preparation of silica aerogel from ricehull ash by supercrcritical carbon dioxide drying. Journal of Supercritical Fluids,200,35(1):91-94
[6] 张贺新,赫晓东,何飞. 气凝胶隔热性能及复合气凝胶隔热材料研究进展. 材料工程,2007,增刊(1):94-97
[7] 何飞,赫晓东,李卉. 气凝胶热特性的研究现状阴. 材料导报,2005,19(12):20-22
[8] 高秀霞,张伟娜,任敏,等. 硅气凝胶的研究进展. 长春理工大学学报,2007,30(1):86-91
[9] 王珏,沈军. 有机气凝胶和碳气凝胶的研究与应用. 材料导报,1994(4):54-57
[10] 李文翠,陆安慧,郭树才. 炭气凝胶的制备、性能及应用. 炭素技术,2001(2):17-20
[11] 李坚,邱坚. 日本在无机质复合材领域的研究. 世界林业研究,2003,16(4):54-56
[12] 邱坚,李坚,刘一星. 用于木材功能性改良的有机气凝胶合成//中国材料研究学会. 纳米材

料与技术应用进展:第四届全国纳米材料会议论文集.北京:冶金工业出版社,2005:431-438

[13] 吴丁才,张淑婷,符若文. 炭气凝胶及其有机气凝胶前驱体的研究进展. 离子交换与吸附,2003,19(5):473-480

[14] 李文翠,郭树才. 新型纳米甲酚-甲醛气凝胶的制备及表征. 材料研究学报,2001,15(3):333-337

[15] 王韵林,赵广杰. 木材/二氧化硅复合材料的微细构造. 北京林业大学学报,2006,28(5):119-224

[16] 孙奉玉,吴鸣,李文钊,等. 二氧化钛的尺寸与光催化活性的关系. 催化学报,1998,19(3):229-233

[17] 邓忠生,张哲,翁志农,等. SiO_2-TiO_2 两元气凝胶的制备及其结构表征. 功能材料,2001,32(2):200-202

[18] 李冀辉,胡劲松. 有机气凝胶研究进展(Ⅱ)-有机气凝胶的特性与应用. 河北师范大学学报(自然科学版),2001,25(4):506

[19] 钟长荣,苏勋家,侯根良,等. TiO_2 气凝胶光催化剂的制备和表征. 化工新型材料,2006,34(12):59-62

[20] 刘一星,赵广杰. 木质资源材料学. 北京:中国林业出版社,2004:104-105

[21] Kentaro A, Hiroyuki Y. Comparison of the characteristics of cellulose microfibril aggregates of wood, rice straw and potato tuber. Cellulose, 2009, 16:1017-1023

[22] 邱坚. 木材-SiO_2气凝胶纳米复合材的研究. 哈尔滨:东北林业大学博士论文,2004:48-51

[23] 吴丁财,刘晓方,符若文. 炭气凝胶及其有机气凝胶前驱体的吸附性能. 新型炭材料,2005,20(4):305-311

[24] Lee J K, Gould L G, Rhine W. Polyurea based aerogel for a high performance thermal insulation material. Journal of Sol-Gel Science Technology, 2009, 49:209-220

[25] Yang W J, Wu D C, Fu R W. Porous structure and liquid-phase adsorption properties of activated carbon aerogels. Journal of Applied Polymer Science, 2007, 106(4):2775-2779

[26] 秦仁喜,沈军,吴广明,等. 碳气凝胶的常压干燥制备及结构控制. 过程工程学报,2004,4(5):429-433

[27] 赵海霞,朱玉东,李文翠,等. RF 炭气凝胶孔结构的控制及其电化学性能研究. 新型炭材料,2008,23(4):361-366

[28] Agnieszka H, Bronislaw S, Grzegorz P. Carbon aerogels as electrode material for electrical double layersuper capacitors- synthesis and propertie. Electrochimica Acta, 2010, 55:7501-7505

[29] Mojtaba M, Peter J H. Preparation of controlled porosity carbonaerogels for energy storage in rechargeable lithium oxygen batteries. Electrochimica Acta, 2009, (54):7444-7451

[30] 李文翠,陆安慧. 炭气凝胶的制备、性能及应用. 炭素技术,2001,11(2):17-21